少年知道

刘薰宇 著

马先生谈算学

做数学的朋友：给孩子的数学四书

U0176571

中国致公出版社

# 少年知道

全世界都是你的课堂

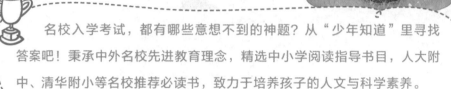

## 名校无忧，精英教育通关宝典

名校入学考试，都有哪些意想不到的神题？从"少年知道"里寻找答案吧！秉承中外名校先进教育理念，精选中小学阅读指导书目，人大附中、清华附小等名校推荐必读书，致力于培养孩子的人文与科学素养。

## 自带学霸笔记，让学习更有效率

为什么读同一本书，学霸从书中学的更多？"少年知道"帮你总结学霸笔记！每本总结十个青少年必知必会的深度问题，可参与线上互动问答，内容复杂的图书更有独家思维导图详解。

## 拒绝枯燥，每本书都是一场有趣的知识旅行

全明星画师匠心手绘插图，从微观粒子到浩瀚星空，从生命起源到社会运转，寻幽探秘，上天入地，让全世界都成为你的课堂。

## 这些有趣的知识，你知道吗？

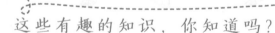

本书为了激发孩子的阅读兴趣，享受阅读，特别提供了以下资源服务：

微信扫码，趣味学知识

★本书音频 少年爱问互动问答，帮你巩固所学。

★阅读打卡 每天阅读打卡，辅助培养阅读好习惯。

★专属社群 入群与同学们分享你的读书心得与感悟。

★线上博物馆 你想去世界顶级博物馆里一探究竟吗？

★趣味实验室 你知道这些实验背后的原理吗？

★科学家故事 你认识那些改变世界的科学家吗？

# 少年爱问

1. 你知道每月的哪一天，我们看不到月亮吗？

2. 阿喀琉斯是古希腊神话中善跑的英雄。在他和乌龟的竞赛中，他的速度为乌龟的十倍，乌龟在他前面一百米处起跑，他在后面追，但他不可能追上乌龟。你知道为什么吗？

3. 你知道足球比赛中，为什么点球要在球门前 11 米的地方罚吗？

4. 宋朝诗人伦文叙的《百鸟归巢图》中写道："归来一只复一只，三四五六七八只。凤凰何少鸟何多，啄尽人间千石食。"想一想，这 100 只鸟是怎么算出来的？

5. 你知道"鸡兔同笼"出自我国哪一部数学著作吗？

6. 你知道人类平均寿命是如何计算出来的吗？

7. 用平底锅煎鸡蛋，每次同时能放两个。煎好一个鸡蛋需要 2 分钟，正反面各 1 分钟。如果你早上上学要迟到了，妈妈怎么做才能用最快的速度把三个鸡蛋煎好呢？

8. 除了圆周率和黄金比例，你还知道世界上哪些著名的数字？

# 前　言

这书居然能够出版，我感到莫大的欣幸！

本书的写作始于一九三六年冬季。从一九三七年一月起，陆续在《中学生》月刊发表，中间只因为个人的私事，断过一二期。原来的计划，内容比较简略些，预定一九三七年在《中学生》上登载完毕。

一九三七年是难忘的年月，无论对于个人还是国家。五月底六月初，妻突然患神经病，终日要人陪伴着。我于是充当她的看护，同时兼做三个孩子的保姆。七月初她渐渐地好起来了，肩头上的担子也觉轻了一些。然而，抗战的第一炮，在七月七日卢沟桥的天空响了起来。跟着，上海的空气，一天紧张似一天：一面，我察觉到，抗战快要展开了，而一经展开，期限一定较长；另一面，妻的病虽渐好，要彻底治疗，唯有回到故乡。她和我离开故乡都已二十多年，乡思，多少也是病源之一。在这种情况下，我决定伴着她和我们的三个孩子，离开居住了十多年的上海，回到阔别二十多年的故乡贵阳。

八月十日，在十分紧张的空气中，我们上了直开重庆的船。后来才知道，它是驶离上海的最后一艘客轮。从上海到重庆船行要十多天，原来还想在船上断续写这书。但一上船，就知道不行了。乘客虽不很拥挤，然而要找一张桌子写什么却不可能。到汉口，"八一三"沪战的消息已传到船上。——好！这是中国唯一的出路！然而战争总归是战争，每天都只能通过无线电获取外面的消息。

到了重庆，因为交通的阻碍，一时不能去贵阳。虽然在旅馆中也动笔续写过，但一想到《中学生》必然会停刊，出版界必然遭受严重的打击，就把笔放下了。

回到贵阳后，一直没想到要写完这本书。直到一九三八年的冬季，正是武汉陷落的时期，丏尊兄写信给我，要我将它写完，说开明可以勉力出版。这自然使我很兴奋，但这时我正准备到昆明，只好暂时放下。

到昆明住定以后，想动笔，却无从下手了。已发表过的稿子，我没有保存，其中的内容已有些模糊。这样一来，才写信给丏尊兄，请他设法寄一份《中学生》发刊过的稿子来，约定稿子一到我就动手。稿子寄出的回信，虽不久就收到，而等到稿子到我的手里，却已是一九三九年的夏季，距暑假已很近了。——于是，我决定在暑假中完成它。

暑假回到贵阳，长长的三个月的时间，竟不着一字。原来，妻和孩子们，在一九三八年九月二十五日敌机轰炸贵阳后，已移居乡下。这时，家人八口，只住两小间平房。挤，固不必说；蚊虫、跳蚤，使你不能静坐到十分钟。

秋后又到昆明。昆明，很好，天气就很好。然而天天想着动手，天天都只是想着而已。在这期间，曾听到有的《中学生》读者，到开明分店来问，《马先生谈算学》出版了没有？有一次，分店的同人，还指着我向顾客说，"这就是马先生"，惹得哄堂大笑。从此，我感到已负了一笔债，非赶快偿还不可。

寒假开始，便下了最大的决心动起笔来。现在总算完成了。因为这本书的完工，我对于开明昆明分店的同人非常感激！

第一，在这期间，昆明的米价、菜价，一切物价，都涨得惊人，不但涨，有时还买不到。寄食于分店的我，居然能不分心在柴米油盐上，坐食现成，于这稿子的完成实在功不可没。

其次，从去年十二月以来，昆明警报频繁。有十几次都是写着写着，警报一响，便收在篮子里，提着跑到荒野。但不是我自己提，我身体笨重，空着手走已有点儿吃力，还提什么？提篮子都是分店的吕元章、韦芝堃和杨炳炎三个人帮忙！虽则事后想起来这是徒劳，但他们的辛苦，我总觉得极可感谢！

这样一本小书，经历了三年的波折，今天居然完成了，我感到很大的欣幸！

关于它的内容，我还想向读者说几句诚恳的话。

它有些像什么难题详解一类的书，然而对于这一类的书我一向是反对的。这里面，固然收集了一百几十个题目加以解释，但我并不希望，人们为了找寻某一个题的算法才去阅读它。这也许会令人失望的。

我写这书的动机，是在增进读算学的人对于算学的趣味。对于学习算学的态度，思索问题的途径，以及探究题目间的关系和变化，我尽力贡献出良好的方法。我希望，能够为这枯燥的算学问题注入一点活力。

用图解法直接来解决算术问题，这不但便于观察和思索，而且还可使算术更切近于实用。图解本来已沟通了代数和几何，成为解析算学的骨干。所以，若从算术起就充分地运用它，不但对于进修算学中的其他功课有着不少的帮助，而且对于学习理、工科，乃至于统计等，也是有益的。

我对于算学的态度已散见于这书中，一方面我认为人人应学，然而不是说人人都要做算学专家，另一方面我认为人人都能学，然而不是说人人都能成算学专家。

科学！科学！现在似乎已没有一个知识分子不承认它的价值和重要性了。然而对于科学，中等程度的算术、代数、几何、三角、解析几何以及初等微积分，实在是必不可少的基础。谨以此书献给真正爱好科学的青年朋友们。

一九四〇年二月十九日于昆明万松草堂后院

# 目 录

# 1 他是这样开场的

学年成绩公布后不久的一个下午，初中二年级的两个学生李大成和王有道，站在教员休息室的门口说话。

李："真危险，这次的算学平均成绩只有 59.5 分，要不是四舍五入，就不及格，又得补考。你的算学真好，总有九十几分、一百分。"

王："我的地理不及格，下学期一开学就得补考，这个暑假玩也玩不痛快了。"

李："地理！很容易！"

王："你自然觉得容易呀，我真不行，看起地理来，总觉得内容枯燥，一点趣味没有，无论勉强看了多少次，总是记不完全。"

李："你的悟性好，所以记忆力不行，我死记硬背东西倒还容易，要想算学题，那真难极了，简直不知道从哪里想起。"

王："所以，我主张文科和理科一定要分开，喜欢哪一科的就专弄那一科，既能专心，也免得白费力气去弄些毫无趣味又不相干的东西。"

李大成虽没有回答，但好像默认了这个意见。他们所谈的话，让坐在教员休息室里懒洋洋地看着报纸的算学教师马先生听见了。他们在班上都算是用功的两位，马先生对他们也有相当的好感。因此，他想对他们的意见加以纠正，便叫他们到休息室里，微笑着问李大成："你对于王有道的主张有什么意见？"

马先生这一问，李大成直觉地感到马先生一定是不赞同王有道的意见，但他并不明白为什么，因而踌躇了一阵，回答道："我觉得这样更便利些。"

马先生微微摇了摇头，表示不同意道："便利？也许你们现在年轻，在学校里的时候觉得便利，要是照你们的意见做去，将来就会感到大大地不便利了。你们要知道，初中的课程这样的规定，是经过了若干年的经验和若干专家的研究的。各科所教的，都是做一个现代人不可缺少的常识。不但是人人必需，也是人人能领会的……"

虽然李大成和王有道平日很敬仰马先生的学识，但对于这"人人必需"和"人人能领会"的观点很怀疑，不过两人的怀疑略有不同。王有道以为地理就不是人人必需，而李大成却以为算学不是人人能领会。当他们听了马先生的话，各自的脸上都浮出了不以为然的神气。

马先生接着对他们说："我知道你们不会相信我的话。王有道，是不是？你一定以为地理就不是必需的。"

王有道看了看马先生，不回答。

"但是你只要问李大成，他就不这样想。照你对于地理的看法，李大成就可说算学不是必需的。你先说一说为什么人人必须要学算学。"

王有道不假思索地回答道："一来，我们日常生活离不开数量的计算。二来，它可以训练我们，使我们更加聪明。"

马先生点头微笑说："这话只对了一半。第一点，你说因为日常生活离不开数量的计算，所以算学是必需的。这话自然很对，但看法也有深浅不同。从深处说，恐怕不但是对于算学没有兴趣的人不肯承认，就是你在你这个程度也不能完全认识，我们暂时放下不说。就浅处说，自然买油买米都用得到它。不过中国人靠一个算盘，懂得'小九九'，就活了几千年，何必要学代数呢？平日买油买米哪里用得到解方程式？我承认你的话是对的，不过同样的看法，地理也是人人必需的。从深处说，我们也暂时放下，就只从浅处说。

你总承认做现代的人，读新闻是每天必不可少的吧。倘若你没有相当的地理知识，你读了新闻，能够真懂得吗？阿比西尼亚在什么地方？为什么意大利一定要征服它？为什么意大利起初打阿比西尼亚的时候，许多国家要对意大利施以经济制裁，到它居然征服了阿比西尼亚，大家又把制裁取消？再说，你们对于中国的处境，平日都很关心，但是所谓国难的构成，地理的关系也很不少，所以真要深切地认识中国处境的危迫，没有地理知识是不行的。

"至于第二点，说算学'可以训练我们，使我们更加聪明'，这话只有前一半是对的，后一半却是一种误解。所谓训练我们，只是使我们养成一些做学问和事业的良好习惯，如注意力要集中，要始终如一，要不苟且，要有耐心，要有秩序，等等。这些习惯，本来人人都可以养成，不过需要有训练的机会罢了。学算学就是为我们提供这种机会。但切不可误解了，以为只是学算学有这样的机会。学地理又何尝没有这样的机会呢？各种科学都是建立在科学方法上的，只有探索的对象不同。算学是科学，地理也是科学，只要把它当一件事做，认认真真地学习，上面所说的各种习惯都可以养成。至于使我们更聪明，一般人确实有这样的误解，以为只有学算学能够做到。其实，学算学也不能够使人更聪明。一个人初学算学的时候，思索一个题目的解法非常困难，但学得越多，思索起来便越容易，这固然是事实。一般人便以为这是更聪明了。这只是表面的看法，这不过是逐渐熟练的结果，并不是什么聪明。学地理的人，看地图和描地图的次数多了，提起笔来画一个中国地图的轮廓，形状大致可观，这不是初学地理的人所能做到的，但与变聪明似乎关系不大。

"你们总得承认在初中闹什么文理分科是不妥当的吧！"马先生总结道。

王有道和李大成虽然对于这些议论不表示反对，但认为这只是马先生鼓励他们对于各科都要用功的话。因为他们总觉得每一个人都有些科目不擅长，无法领会，与其白费力气，不如索性不学。尤其是李大成认为算学实在不是人人所能理解的，他于是向马先生提出这样的质问："算学，我也晓得人人必需，只是不擅长一个题目往往一两个小时解不出来，所以觉得还是把这种时间用来读别的书好些。"

"这自然是如此，与其费了时间，毫无所得，不如做点别的。在王有道看地理的时候，他一定觉得毫无兴味，看一两遍，时间浪费了仍然记不住，倒不如多演算两个题目。但这都是偏见，弄着没有趣味，以及弄不出什么结果，你们应当想，这不一定是科目的关系。至于不擅长，不过是一种无可奈何的说明，人的脑细胞，并没有分成学算学和学地理的两种。据我看来，是因为，学起来不感兴趣，便常常不去亲近它，因此越来越觉得和它不能相近。至于学着不感兴趣，大概是不得其门而入的缘故，这是学习方法的问题。比如就地理说，现在是交通极发达、整个世界息息相通的时代，用新闻来作引导，我想，学起来不但津津有味，也就容易记得了。日本和苏俄不是常常闹边界的冲突吗？把地图、地理教科书和这新闻对照起来读，这就是活泼有趣的了。又如，中国参加世界运动会的选手的行程，不是从上海出发，每到一处都有电报和通信吗？若是一面读这种电报，一面与地图和地理教科书互相参照，那么从中国到德国的这条路线，你就可以完全明了而且容易记牢了。以现时发生的事件为线索去读地理，我想这正和读《西游记》一样。你读《西游记》不会觉得枯燥无趣，读了以后，就知道在唐朝时从中国到印度要经过些什么地方——这只是举例的说法——《西游记》中有唐三藏、孙悟空、猪八戒，中国参加世运团中有院长、铁牛、美人鱼，他们的行程记，不正是一部最新改良的《西游记》吗？'随处留心皆学问'，这句话用到这里，再确切没有了。总之，读书不要太受教科书的束缚，那就不会枯燥无味，就能学到鲜活的知识。"

王有道听了这话，脸上现出心领神会很快活的神气，问道："那么，学校里教地理为什么要用一本死板的教科书呢？若是每次用一段新闻来讲不是更好吗？"

"这是理想的办法，但事实上有许多困难。地理也是一门科学，它有它的体系，而新闻所记的事件，并不是按照这体系发生的，所以不能用它作教材。一切课程都是如此，教科书是各科目有体系的基本知识，是经过提炼和组织的，所以是死板的，就和字典辞书一般。求活知识要以当前所遇见的事做线索，并且用教科书做参证。"

李大成原来对地理有兴趣而且成绩很好，听着马先生的这番议论，不觉心花怒放，但同时也产生了一个疑问。他所最感困难的算学，照马先生的说法，自然是人人必需，无可否认的了。但怎样可以是人人能领会的呢？怎样可以用活的事例做线索去学习呢！难道碰见一个龟鹤算的题目，硬要去捉些乌龟白鹤来吗！并且这样的傻事，他也曾经做过！但是一无所得。他计算"大小二数的和是三十，差是四，求二数"这个题目的时候，曾经用三十个铜板放在桌上来试验。先将四个铜板放在左手里，然后两手同时从桌上把剩下的铜板一个一个地拿到手里。到拿完时，左手是十七个，右手是十三个，因而他知道大数是十七，小数是十三。但他不能从这试验中写出算式（30 − 4）÷ 2 ＝ 13 和 13 + 4 ＝ 17 来。他不知道这位被同学们称为"马浪荡"并颇受尊敬的马先生，对于学习地理的意见是非常好的，他正教着他们代数，为什么没有同样的方法指导他们。

他于是向马先生提出了这个质问："地理，这样学习，自然可以人人领会了，难道算学也可以这样学习吗？"

"可以，可以！"马先生毫不犹豫地回答，"不过原理相同，情形各异罢了。我最近正在思索这种方法，已经略有收获。好！就让我来为你们做第一次试验吧。今天我们谈话的时间有点长了，好在你们和我一样，暑假中都不到什么地方去，以后我们每天来谈一次。我觉得学算学须先将算术弄清楚，所以我现在注意的全是学习解算术问题的方法。算术的根基打好了，对于算学自然有兴趣，进一步去学代数、几何也就不难了。"

从这次谈话的第二天起，王有道和李大成还约了几个同学每天来听马先生讲课。以下便是李大成的笔记，这笔记经过了他和王有道的斟酌和修正。

## 2 怎样具体地表现数量以及两个数量间的关系

　　学习一种东西，首先要把学习的态度摆端正。现在一般人的学习，只是用耳朵听先生讲，把讲的牢牢记住；用眼睛看先生写，用手照抄下来，也牢牢记住。这正如拿了口袋到米店里去买米一样，付了钱，让别人将米倒在口袋里，自己背回家就万事大吉。把一口袋米放在家里，肚子就不会饿了吗？买米的目的，是在把它做成饭，吃到肚里，将饭消化了，吸收生理上所需要的，而将不需要的污排出去。所以饭得自己煮，自己吃，自己消化；养料得自己吸收，污得自己撒。就算买的是饭，饭是别人喂到嘴里去的，但进嘴以后的一切工作只有靠自己了。学校的先生所能给予学生的只是生米，和煮饭的方法，最多是饭，喂到嘴里的事，先生对于学生已难办到了。所以学习是要把先生所给的米变成饭，自己嚼，自己消化，自己吸收，自己排泄。教科书要成一本教科书，它有不可缺少的材料，先生讲给学生听也有必不可少的话，正如米要成米有不可或缺的成分一样，但对于学生不全有用处的，所以读书有些是用不到记的，正如吃饭有些要洒出来的一样。

　　上面说的是学习态度的基本——自己消化、吸收、排泄。怎样消化、吸收、排泄呢？学习和研究这两个词，大多数人都在乱用。读一篇小说，就是在研究文学，这是错的。不过学习和研究的态度应当一样。研究应当依照科学方法,学习也应当依照科学方法。所谓科学方法,就是从观察和实验收集材料,再加以分析综合整理。学习也应当如此。要明了"的"字的用法,必须先留心许多各式各样含有"的"字的句子,然后比较、分析……

算学,就初等范围内说离不开数和量,而数和量都是抽象的,两条板凳和三支笔是具体的,"两条""三支"以及"两"和"三"全是抽象的。抽象的,照理无法观察和实验。然而为了学习,我们不妨开一个方便法门,将它具体化。昨天我的四岁的小女儿跑来向我要五个铜板,我忽然想到考考她认识数量的能力,先只给她三个。她说只有三个,我便问她还差几个。于是她把左手的五指伸出来,右手将左手的中指、无名指和小指捏住,看了看,说差两个。这就是领会数量的具体表示的方便法门。这方便法门,不仅是小孩子学习算学的"入德之门",还是人类建立全部算学的根基,我们所用的不是十进位数吗?

用指头代替铜板,当然可以用指头代替人、马、牛,然而指头只有十个,而且分属于两只手,所以第一步就由用两只手进化到用一只手,将指头屈伸着或作种种形象用来代表数。但数大了就不太方便。好在人是吃饭的动物,这点聪明还有,于是进化到用笔涂画黑点来代替手指。到这一步自然能表示更多的数了。不过黑点太多也难一目了然,而且在表示数和数的关系的时候更不方便。所以有改良的必要。

既可以用点来作具体地表示数的方便法门,当然也可以用线段来代替点:严格地说,画在纸上,点和线段实在是一样的。用线段来表示数量,第一步很容易想到这两种形式:一,二,三……和丨,‖,‖‖……,这和点一样地不方便,应该再加以改良。第二步,何妨将这些线段连接成为一条长的线段,成为竖的 或横的 呢?

本来用多长的线段表出 1，这是个人的绝对自由，任何法律也无从禁止的。所以只要在纸上画一条长线段，再在这线段上随便作一点算是起点零，再从这起点零起，依次取等长的线段便得 1，2，3，4，……

这是表示数量关系的方便法门。

有了这方便法门，算学上的四个基本法则，都可以用画图来计算了。

（1）加法——这用不着说明，如图 1，便是 5 + 3 = 8。

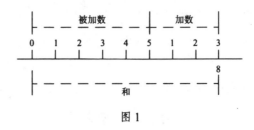

图 1

（2）减法——只要把减数反过方向来画就行了，如图 2，便是 8 - 3 = 5。

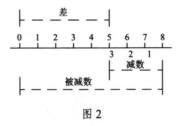

图 2

（3）乘法——本来就是加法的简便方法，所以和加法的画法相似，只需所取被乘数的段数和乘数的相同。不过有小数时，需参用除法的画法才能将小数部分画出来。如图 3，便是 5 × 3 = 15。

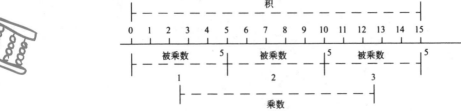

图 3

（4）除法——这要用到几何画法中的等分线段的方法。如图4，便是 $15 \div 3 = 5$。

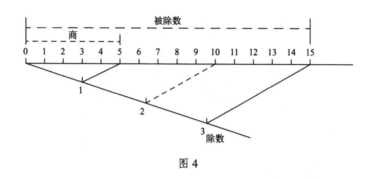

图 4

图中表示除数的线是任意画的，画了以后，便从 0 起在上面取等长的任意三段 *01*，*12*，*23*，再将 3 和 15 连起来，过 1 画一条线和它平行，这线正好通过 5，5 就是商数。图中的虚线 *210* 是为了看起来更清楚画的，实际上却不必要。

明白了四种基本运算的画法，现在进一步再来看两个数的几种关系的具体表示法。

两个不同的数量，当然，若是同时画在一条线段上，是会让人莫名其妙的。假如这两个数量根本没有什么关系，那就自立门户，各占一条路线好了。若是它们多少有些牵连，要怎么办呢？正如学地理的时候，我们要明确地懂得一个城市是在地球上什么地方，得知道它的经度和纬度一样。这两条线一是南北向，一是东西向，各不相同。但若将这城市所在的地方的经度画一张图，纬度又另画一张画，那还不乱套了？画地球是经纬度并在一张，表示两个不同而有关联的数。现在正可借鉴这个办法。

用两条十字交叉的线，每条表示一个数量，那交点就是共通的起点 0。

（1）差数固定的两个数量的表示法。

例　兄年十三岁，弟年十岁，兄比弟大几岁？

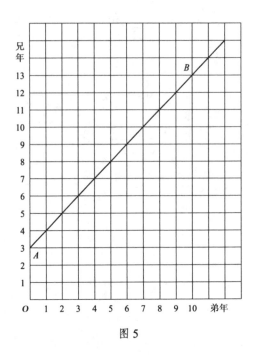

图 5

用横的线段表示弟的年岁，竖的线段表示兄的年岁，他俩差 3 岁，就是说兄 3 岁的时候弟才出世，因而得 A。但兄十三岁的时候弟是 10 岁，所以竖的第十条线和横的第十三条线是相交的，因而得 B。由这线上的各点横竖一看，便可知道：

①兄年几岁（例如 5 岁）时，弟年若干岁（2 岁）。

②兄、弟年纪的差总是 3 岁。

③兄年 6 岁时，年纪是弟弟的两倍。

……

（2）和一定的两数量的表示法。

例　张老大、宋阿二分十五块钱，张老大得九块，宋阿二得几块？

用横的线段表示宋阿二得的，竖的线段表示张老大得的。张老大全都拿了去，宋阿二便两手空空，所以得 A 点。反过来，宋阿二全都拿了去，张老大便两手空空，所以得 B 点。由这线上的各点横竖一看，便知道：

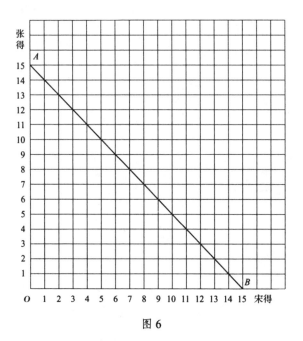

图 6

①张老大得 9 块的时候，宋阿二得 6 块。

②张老大得 3 块的时候，宋阿二得 12 块。

......

（3）一个数量是另一个数量的一定倍数的表示法。

例　一个小孩子每小时走二里路，三小时走多少里？

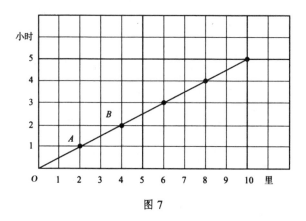

图 7

　　用横的线段表示里数，竖的线段表示时间数。第一小时走了 2 里，所以得 A 点。到第二小时便走了 4 里，因此得 B 点。由这线上的各点横竖一看，便可知道：

　　① 3 小时走了 6 里。

　　② 4 小时走了 8 里。

# 3 解答如何产生——交差原理

"昨天讲的最后三个例子，你们总没有忘掉吧！——若是这样健忘，那就连吃饭走路都不能学会了。"马先生一走进门，还没立定，就笑嘻嘻地这样开场。大家自然只是报以微笑。马先生于是口若悬河地开始他的讲演。

昨天的最后三个例子，图上都是一条直线，各条直线都表示了两个量所保持的一定关系。从直线上的任意一点，往横看又往下看，马上就知道了，符合某种条件的甲量在不同的时间，乙量是怎样。如图7，符合每小时走二里这条件，4小时便走了8里，5小时便走了10里。

这种图，当然对于我们很有用。比如说，你有个弟弟，每小时可走六里路，他离开你出门去了。你若照样画一张图，他离开后，你坐在屋里，只要看看表，他走了多久，再看看图，就可以知道他已离你多远了。倘若你还清楚这条路沿途的地名，你当然可以知道他已到了什么地方，还要多少时间才到达目的地。倘若他走后，你突然想起什么事，须得关照他，正好有长途电话可利用，只要沿途有地点可以和他通电话，那你不是很容易找到打电话的时间和通话的地点吗？

这是一件很巧妙的事，却落入了中国旧小说的无巧不成书的老套。古往今来，有几个人碰巧会有这样的事？这算什么用场？你也许要这样找碴儿。然而这只是一个用来打比方的例子，照这样推想，我们就能够绘制出一幅地球和月亮的运行图吧。通过这幅图，我们不就可以看出不同时候地球和月亮的相互位置了吗？这岂不是有了孟子所说的"天之高也，星辰之远也，苟求其故，千岁之日至，可坐而致也"这种气度了吗？算学的野心，就是想把宇宙间的一切法则，囊括在几个算式或几张图上。

这似乎是夸大狂的说法，暂且抛开不说，转到本题。算术上计算一道题，除了混合比例那一类以外，总只有一个解答，这解答靠昨天所讲过的那种图，可以得出来吗？

当然可以，我们不是能够由图上看出来，张老大得 9 块钱的时候，宋阿二得的是 6 块钱吗？

不过，这种办法对于这样简单的题目虽是可以通用，遇着较复杂的题目，就很不顺利了。比如将题目改成这样：

张老大、宋阿二分十五块钱，怎样分法，张老大才比宋阿二多得三块？

当然我们可以这样老老实实地去把答案找出来：张老大拿十五块的时候，宋阿二 1 块都拿不着，相差的是 15 块。张老大拿 14 块的时候，宋阿二可得 1 块，相差的是 13 块……这样一直看到张老大拿 9 块，宋阿二得 6 块，相差正好是 3 块，这便是答案。

但这样的做法，对于这个很简单的题目必须做到六次，才得出答案。较复杂的题目，或是题上数目较大的，那就不胜其烦了。

而且，这样的做法，实在有点和买彩票差不多。从张老大拿 15 块，宋阿二得不着，相差 15 块，不对题；马上就跳到张老大拿 14 块，宋阿二得 1 块，相差 13 块去，实在太胆大。为什么不看一看，张老大拿 14 块 9 角，14 块 8 角……乃至于 14 块 9 角 9 分 999……的时候怎样呢？

喔！若是这样，那还了得！从 15 到 9 中间有无限的数，要依次运算，一辈子也算不完。而且比 15 稍稍小一点的数，谁看见过它的面孔是圆的还是方的？

笨办法就不能叫办法！人是有理性的动物，变戏法要变得省力气、有把握，才会得到观众的赞赏呀！你们读过《伊索寓言》吧？里面不是说人学的猪叫比真的猪叫，更叫人满意吗？

所以找算术上的答案必须更巧妙一点。

所以，我们来讲交差原理。

照昨天的说法，我们不妨假定，两个量之间有一定的关系，可以用一条线表示出来。——这里说假定，是虚心的说法，因为我们只讲过三个例子，不便就冒冒失失地概括一切。其实，两个量的关系，用图线（不一定是直线）表示，只要这两个量是实量，总是可能的。——那么像刚才举的这个例题，即包含两种关系：第一，两个人所得的钱的总和是 15 块；第二，两个人所得的钱的差是 3 块。当然每种关系都可画一条线来表示。

所谓一条线表示两个数量的一种关系，精确地说，就是：从那条线上的无论哪一点，横看和竖看所得的两个数量都有同一的关系。

假如，表示两个数量的两种关系的两条直线是交叉的，那么，相交的地方当然是一个点。这个点就好像同一个人，他既继承这一房子的产业，也继承另一房子的产业。所以，由这一点横看竖看所得出的两个数量，既保有第一条线所表示的关系，同时也就保有第二条线所表示的关系。换句话说，便是这两个数量同时具有题上的两个关系。

这样的两个数量，不用说，当然是题上所要的解答。

试将前面的例题画出图来看，那就非常明白了。

第一个条件，"张老大、宋阿二分十五块钱"。这是两人所得的钱的和的固定数量，用线表示出来，便是 $AB$。

第二个条件，"张老大比宋阿二多得三块钱"。这是两人所得的钱的差的固定数量，用线表示出来，便是 $CD$。

$AB$ 和 $CD$ 相交于 $E$，就是 $E$ 点既在 $AB$ 上，同时也在 $CD$ 上，所以两条线所表示的条件，它都包含。

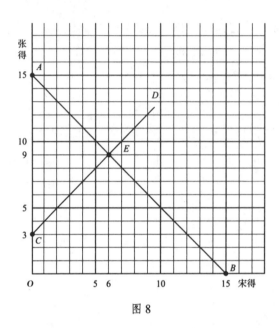

图 8

由 E 横看过去，张老大得的是 9 块钱；竖看下来，宋阿二得的是 6 块钱。

正好，9 块加 6 块，15 块，就是 AB 线所表示的关系。

而 9 块比 6 块多 3 块，就是 CD 线所表示的关系。

E 点，正是本题的解答。

"两线的交点同时承担两线所表示的关系。"这就是交差原理。

顺水推舟，就这原理再补充几句。

两线不止一个交点怎样？

那就是这题不止一个解答。不过，这是后话，这里暂时先不说，在以后连续的若干次讲演中都不会遇见这种情形。

两线没有交点怎样？

那就是这题没有解答。

没有解答还成题吗？

不客气地说，你就可以说这题不通；客气一点，你就说，这题不可能。

所谓不可能，就是照题上所给的条件，它所需的答案是不存在的。

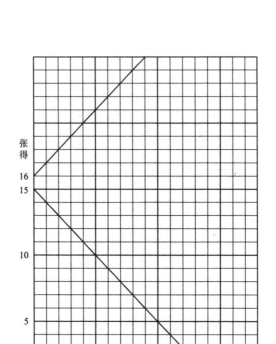

图 9

比如，前面的例题，第二个条件换成"张老大比宋阿二多得十六块钱"，画出图来，两直线便没有交点。事实上，这非常明白，两个人分 15 块钱，无论怎样，不会有一个人比另一个人多得 16 块的。除非两人暂时将它存在银行生利息，连本带利满 16 块以上再来分，然而，这已超出题目的范围了。

教科书上的题目，是著书的人为了学习的人练习方便编造出来的，所以，只要不是排版印刷错误，都不至于不可能完成；至于到了真实的生活中，那就不一定有这样的幸运。因此，注意题目是否可能，假如不可能，则要明白这不可能的理由，这都是学习算学的人所应当做的工作。

## 4 就讲和差算罢

例一  大小两数的和是十七，差是五，求两数。

马先生侧着身子在黑板上写了这么一道题，转过来对着听众，两眼向大家扫视了一遍。

"周学敏，这个题你会算了吗？"周学敏也是一个对于学习算学感到困难的学生。

周学敏站起来回答道："这和前面的例子是一样的。"

"不错，是一样的，你试将图画出来看一看。"

周学敏很规矩地走上讲台，迅速将图在黑板上画了出来。

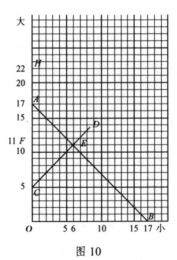

图 10

马先生看了看，问："得数是多少？"

"大数十一，小数六。"

周学敏虽然得出这个不错的答案，但他好似不很满意，回到座位上，两眼很迟疑地望着马先生。

马先生觉察了，向着他："你还有点放心不下什么？"

周学敏立刻回答道："这样画法是懂得了，但是这个题的算法还是不明白。"

马先生点了点头说："这个问题很有意思。不过你们应当知道，这只是算法的一种，因为它比较具体而且有一定的法则，所以很有价值。由这种方法计算出来以后，再仔细地观察、推究算术中的计算法，有时便可得出来。"

如图 $OA$ 是两数的和，$OC$ 是两数的差，$CA$ 便是两数的和减去两数的差，$CF$ 恰是小数，又是 $CA$ 的一半。因此就本题说，便得出：

$$(17-5) \div 2 = 12 \div 2 = 6 \cdots\cdots 小数。$$

$$\vdots \quad \vdots \qquad \vdots \qquad \vdots$$

$$OA \ OC \qquad CA \qquad CF$$

$$\underbrace{\phantom{OA \ OC}}_{CA}$$

$$6 + 5 = 11 \cdots\cdots 小数。$$

$$\vdots \quad \vdots \quad \vdots$$

$$CF \ OC \ OF$$

$OF$ 既是大数，$FA$ 又等于 $CF$，若在 $FA$ 上加上 $OC$，就是图中的 $FH$，那么 $FH$ 也是大数，所以 $OH$ 是大数的二倍。由此又可得下面的算法：

$$(17+5) \div 2 = 22 \div 2 = 11 \cdots\cdots 大数。$$

$$\vdots \quad \vdots \qquad \vdots \qquad \vdots$$

$$OA \ AH \qquad OH \qquad OF$$

$$\underbrace{\phantom{OA \ AH}}_{OH}$$

$11 - 5 = 6 \cdots \cdots$小数。

$$\vdots \qquad \vdots \qquad \vdots$$

$OF \quad OC \quad CF$

记住！ $OA$ 是两数的和，$OC$ 是两数的差，依此计算，还可得出这类题的一般的公式来：

（和 + 差）÷ 2 = 大数，大数 − 差 = 小数；

或

（和 − 差）÷ 2 = 小数，小数 + 差 = 大数。

例二　大小两数的和为二十，小数除大数得四，大小两数各是多少？

这题的两个条件是：（1）两数的和为二十，这便是和一定的关系；（2）小数除大数得四，换句话说，大数是小数的四倍——倍数固定的关系。由（1）得图中的 $AB$，由（2）得图中的 $OD$。$AB$ 和 $OD$ 交于 $E$。

由 $E$ 横看得 16，竖看得 4。大数 16，小数 4，就是所求的答案。

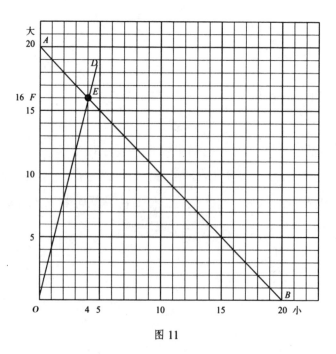

图 11

"你们试一试，通过观察上图，发现本题的计算法，和计算这类题的公式。"马先生一边画图，一边说。

大家都瞪起双眼盯着黑板，周学敏勇敢地回答："OA 是两数的和，OF 是大数，FA 是小数。"

"好！FA 是小数。"马先生对周学敏的这个发现感到惊异，"那么，OA 里一共有几个小数？"

"5 个。"周学敏答。

"5 个？从哪里来的？"马先生故意问。

"OF 是大数，大数是小数的 4 倍。FA 是小数，OA 等于 OF 加上 FA。4 加 1 是 5，所以有 5 个小数。"王有道说。

"那么，本题应当怎样计算？"马先生问。

"用 5 去除 20 得 4，是小数；用 4 去乘 4 得 16，是大数。"王有道回答。

马先生静默了一会，提起笔在黑板上一边写，一边说："要这样，在理论上才算完整。"

$20 \div (4 + 1) = 4$（小数），$4 \times 4 = 16$……大数。

接着又问："公式呢？"

大家几乎同时回答说："和 $\div$（倍数 + 1）＝小数，小数 $\times$ 倍数＝大数。"

例三　大小两数的差是六，大数是小数的三倍，求两数。

马先生将题目写出以后，一声不响地随即将图画出，问："大数是多少？"

"9。"大家齐声回答。

"小数呢？"

"3。"也是众人一齐回答。

"在图上，OA 是什么？"

"两数的差。"周学敏说。

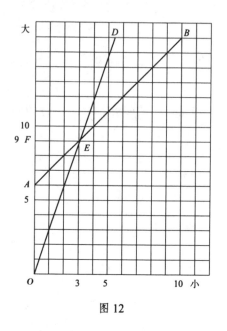

图 12

"*OF* 和 *AF* 呢？"

"*OF* 是大数，*AF* 是小数。"我抢着说。

"*OA* 中有几个小数？"

"3 减 1 个。"王有道不甘退让地抢着回答。

"周学敏，这题的算法怎样？"

"6 ÷（3 − 1）= 6 ÷ 2 = 3……小数，3 × 3 = 9……大数。"

"李大成，计算这类题的公式呢？"马先生问。

"差 ÷（倍数 − 1）= 小数，小数 × 倍数 = 大数。"

例四　周敏和李成分三十二个铜板，周敏得的比李成得的三倍少八个，各得几个？

马先生在黑板上写完这题目，他板起脸望着我们，大家不禁哄堂大笑。但不久就静默下来，望着他。

马先生："这回，老文章有点难抄袭了，是不是？第一个条件两人分三十二个铜板，这是'和固定的关系'，这条线自然容易画。第二个条件却是含有倍数和差，困难就在这里。王有道，表示这第二个条件的线怎样画法？"

王有道受窘了，紧紧地闭了双眼思索，右手的食指不住地在桌上画来画去。

马先生："西洋镜拆穿了，原是不值钱的。只要想想昨天讲过的三个例子的画线法，原则上毫无分别。现在不妨先来解决这样一个问题：'甲数比乙数的二倍多三'，怎样用线表示出来？

"昨天我们讲最后三个例子的时候，每图都是先找出 $A$、$B$ 两点来，再连接它们成一条直线，现在仍旧可以依样画葫芦。

"用横线表乙数，纵线表甲数。

"甲比乙的二倍多三，若乙是零，甲就是 3，因而得 $A$ 点。若乙是 1，甲就是 5，因而得 $B$ 点。

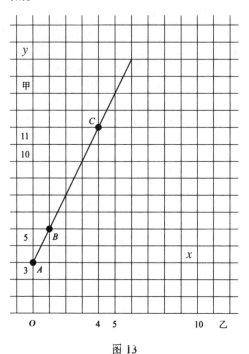

图 13

"现在从 $AB$ 上的任意一点，比如 $C$，横看得 11，竖看得 4，不是正合条件吗？

"若将表示小数的横线移到 $3x$，对于 $3x$ 和 $3y$ 来说，$AB$ 不是正好表示两数量之间固定倍数的关系吗？"

"明白了吗？"马先生很庄重地问。

大家沉默，表示已经明白。接着，马先生又问："那么，表示'周敏得的比李成得的三倍少八个'，这条线怎样画法？周学敏来画画看。"大家又笑了起来。周学敏在黑板上画成下图。

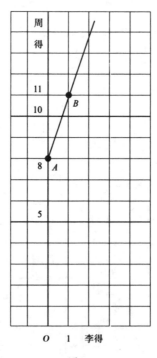

图 14

"由这图上看起来，李成一个钱不得的时候，周敏得多少？"马先生问。

"8 个。"周学敏答。

"李成得 1 个呢？"

"11 个。"有一个同学回答。

"那岂不是文不对题吗？"这一来大家又愣住了。

毕竟王有道的算学好，他说："题目上是'比三倍少八'，不能这样画。"

"照你的意见，应当怎样画？"马先生问王有道。

"我不知道怎样表示'少'。"王有道说。

"不错，这一点必须特别注意。现在大家想一想，李成得 3 个的时候，周敏得几个？"

"1 个。"

"李成得 4 个的时候呢？"

"4 个。"

"这样 A、B 两点都得出来了，连起 AB 来，对不对？"

"对——！"大家有点得意，拖长了声音回答，简直和小学三四年级的学生一般，惹得马先生也笑了。

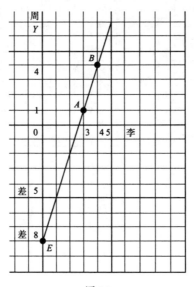

图 15

"再来变一变戏法，将 AB 和 OY 都往回拉长，得交点 E。OE 是多少？"

"8。"

"这就是'少'的表出法，现在回到本题。"马先生接着画出了图 16。

"各人得多少？"

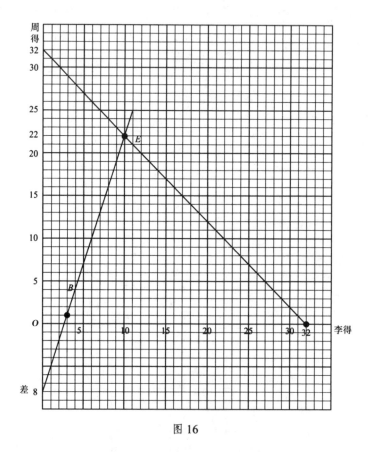

图 16

"周敏 22 个，李成 10 个。"周学敏说。

"算法呢？"

"（32 + 8）÷（3 + 1）= 40 ÷ 4 = 10……李成得的数，"10 × 3 − 8 = 30 −
8 = 22……周敏得的数。"我说。

"公式是什么？"

好几个人回答：

"（总数＋少数）÷（倍数＋1）＝小数，小数 × 倍数－少数＝大数。"

例五　两数的和是十七，大数的三倍加小数的五倍的和是六十三，求两数。

"我用这个题来结束这第四段。你们能用画图的方法求出答案来吗？各人都自己算一算。"马先生写完题目后说。

于是每人用铅笔和三角尺在方格纸上画。——方格纸是马先生预先叫大家准备的。——这是很奇怪的事，没有一个人不比平常上课用心。同样都是学习，为什么有人强迫着，反而不免想偷懒；没有人强迫，比较自由了，倒一齐用心起来。这真是一个谜。

就像学生交作文给先生看，期望着先生说一声"好"，便回到座位上誊清，每个人先先后后地都画好了送给马先生看。这也是奇迹，八九个人全没有错，而且完成时间相差也不过两分钟。这使得马先生感到愉快，从他脸上的表情就可以看出来。不用说，各人的图除了线有粗细，其他都一样，简直好似印刷体。

各人回到座位，静候马先生讲解。他却不讲什么，突然问王有道："王有道，这个题，用算术的方法怎样计算，你来给我代课，讲给大家听。"说完了就走下讲台，让王有道去做临时先生。

王有道虽则有点腼腆，但最终还是迟疑地上了讲台，拿着粉笔做起先生来。

"两数的和是17，换句话说，就是：大数的1倍加上小数的1倍的和是17。所以用3去乘17，得出来的便是：大数的3倍加上小数的3倍的和。

"题目上第二个条件是大数的3倍加小数的5倍的和是63，所以，若从63里面减去3乘17，剩下来的数里，只有'5减去3'个小数了。"王有道很神气地说完这几句话，便默默地在黑板上写出下面的式子，写完低着头走下讲台。

$(63-17\times3)\div(5-3)=12\div2=6$……小数。

$17-6=11$……大数。

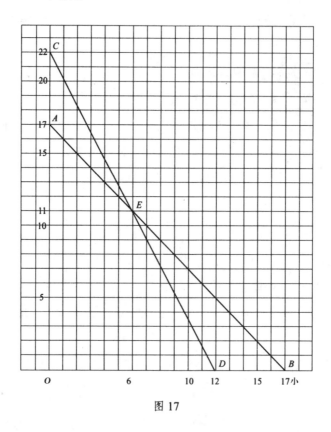

图 17

马先生接着上了讲台："这个算法，你们大概都懂了吧？我想，你们依照前几个例子的思路，一定要问：'这个算法怎样从图上可以观察得出来呢？'这个问题却把我难住了。我只好回答你们，这是没有法子的。你们已学过了一点代数，知道用方程式来解算术中的四则运算问题。有些题目，也可以由方程式的计算，找出算术上的算法，并且对于那算法加以解释。但有些题目，要这样做却很勉强，而且有些简直勉强不来。各种方法都有各自的用处，这里不能和前几个例子一样，由图上找出算术中的计算法，也就因为这个。

　　"不过，这种方法比较具体，所以用来解决问题比较方便。虽然不能直接得出算术的计算法来，但一个题，已有了解答总比较易于演算。

　　"今天的课就到此结束。"

## 5 "追赶上前"的话

"讲第三段的时候，我曾经说过，倘若你有了一张图，你坐在屋里，看看表，又看看图，随时就可知道你出了门的弟弟离开你已有多远。这次我就来讲关于走路这一类习题。"马先生今天这样开场。

例一 赵阿毛上午八时由家中动身到城里去，每小时走三里。上午十一时，他的儿子赵小毛发现他忘了带上应当带到城里去的东西，于是从后面追去，每小时走五里，什么时候可以追上？

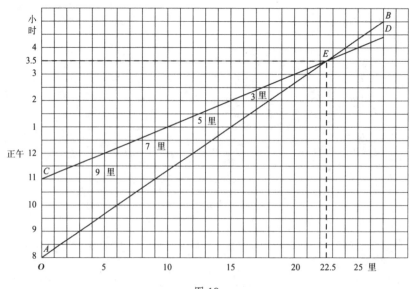

图 18

这题只需要用第二段讲演中的最后一个题作基础便可得出答案。用横线表示路程，每一小段一里。用纵线表示时间，每二小段一小时。——纵横线用作单位 1 的长度。

因为赵阿毛是上午八时由家中动身的，所以时间就用上午八时做起点，赵阿毛每小时走 3 里，他走的行程和时间是"固定倍数"的关系。画出来就是 AB 线。

赵小毛是上午十一点动身的，他走的行程和时间，针对交在 C 点的纵横线而言，也只是"固定倍数"的关系。画出来就是 CD 线。

AB 和 CD 交于 E，就是赵阿毛和赵小毛父子俩在这儿碰上了。

从 E 点横看，应该是下午三点半，这就是解答。

"你们仔细看这个，比上次的有趣味。"趣味！今天马先生从走进课堂直到现在，都是板着面孔的，我还以为他心里有什么事不高兴，或是身体不大爽快呢！听到这两个字，知道他将要说什么趣话了，精神不禁为之一振。但是，仔细看一看图，与上次的各个例题一样，只有两条直线和一个交点，真不知道马先生说的趣味在哪里。大约别人也和我一样，没有看出有什么特别的趣味，所以大家依然静默。打破这静默的，自然只有马先生：

"看不出吗？嗨！不是真正的趣味'横'生吗？"

"横"字说得特别响，而且同时右手拿了粉笔向着黑板上的图横着一画。虽是这样，我们还猜不透这个谜。

"大家横着看！看两条直线间的距离！"马先生这么一提示，果然，大家都看那两条直线间的距离。

"看出了什么？"马先生静了一下问。

"越来越短，最后变成零。"周学敏回答。

"不错！但这表示什么意思？"

"两人越走越近，到后来便碰在一块儿了。"王有道答说。

"对的，那么，赵小毛动身的时候，两人相隔几里？"

"9 里。"

"走了 1 小时呢？"

"7 里。"

"再走 1 小时呢？"

"5 里。"

"每走 1 小时，赵小毛赶上赵阿毛几里？"

"2 里。"这几次差不多都是齐声回答，课堂里显得格外热闹。

"这 2 里从哪里来的？"

"赵小毛每小时走 5 里，赵阿毛每小时只走 3 里，5 里减去 3 里，便是 2 里。"我抢着回答。

"好！两人先隔开 9 里，每小时赵小毛能够追上 2 里，那么几小时可以追上？用什么算法计算？"马先生这次是问我。

"用 2 去除 9 得 4.5。"我答。

马先生又问："最初相隔的九里怎样来的呢？"

"赵阿毛每小时走 3 里，上午八点钟动身，走到上午十一点钟，一共走了 3 小时，三三得九。"另一个同学这么回答。

在这以后，马先生就写出了下面的算式：

$$3^{\text{里/小时}} \times 3^{\text{小时}} \div (5^{\text{里/小时}} - 3^{\text{里/小时}}) = 9^{\text{里}} \div 2^{\text{里/小时}} = 4.5^{\text{小时}} \cdots\cdots 赵小毛走$$
的时间。

$$11^{\text{时}} + 4.5^{\text{时}} - 12^{\text{时}} = 3.5^{\text{时}} \cdots\cdots 下午三点半。$$

"从这次起，公式不写了，让你们去如法炮制吧。从图上还可以看出来，赵阿毛和赵小毛碰到的地方，距家是二十二里半。若是将 $AE$、$CE$ 延长出去，两线间的距离又越来越长，但 $AE$ 翻到了 $CE$ 的上面去。这就表示，若他们父子碰到以后，仍继续各自前进，赵小毛便走在赵阿毛前面，越离越远。"

试将这个题改成"甲每小时行三里，乙每小时行五里，甲动身后三小时，乙去追他，几时可以追上？"这就更一样了，画出图来，当然和前面的一样。

不过表示时间的数字须换成 0，1，2，3……

例二　甲每小时行三里，动身后三小时，乙去追他，四小时半追上，乙每小时行几里？

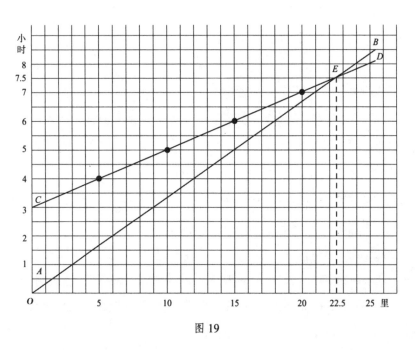

图 19

对于这个题，表示甲走的行程和时间的线，自然谁都会画了。就是表示乙走的行程和时间的线，经过了马先生的指示，以及共同的讨论，我们才知道：因为乙是在甲动身后 3 小时才动身，而得 $C$ 点，又因为乙追了 4.5 小时赶上甲，这时甲正走到 $E$，而得 $E$ 点，连接 $CE$，就得所求的线。再看每过一小时，这条线所经过的横距离是 5，所以知道乙每小时行 5 里。这真是马先生说的趣味横生了。

不但如此，图上明明白白地指示出来：甲 7.5 小时走的路程是 22.5 里，乙 4.5 小时走的也正是这样多，所以很容易地使我们想出了这题的算法。

$$3^{里/小时} \times (3^{小时} + 4.5^{小时}) \div 4.5^{小时} = 22.5^{里} \div 4.5^{小时} = 5^{里/小时} \cdots\cdots 乙每小时走的。$$

但是马先生的主要目的还不在讨论这题的算法上，当我们得到了解答和算法后，他又写出下面的例题。

例三　甲每小时行三里，动身后三小时，乙去追他，追到二十二里半的地方追上，求乙的速度。

跟着例二来解这个问题，真是十分轻松，不必费什么思考，就知道应当这样算：

$22.5^{里} \div (7.5^{小时} - 3^{小时}) = 22.5^{里} \div 4.5^{小时} = 5^{里/小时} \cdots$乙的速度。

原来，图是大家都懂得画了，而且一连这三个例题的图，简直就是一个，只是画的方法或说明不同。甲走了 7.5 小时而比乙多走 3 小时，乙走了 4.5 小时，而路程是 22.5 里，上面的计算法，由图上看来，真是"了如指掌"啊！我今天才深深地感到对数学有这么浓厚的兴趣！

马先生在大家算完这题以后发表他的看法：

"由这三个例题看来，一个图可以表示几个不同的题，只是着眼点和说明不同。这不是活鲜鲜地，很有趣味吗？原来例二、例三都是从例一转化来的，面孔虽然不同，基本关系却没有两样。这类问题的骨干只是距离、时间、速度的关系，你们当然已经明白：

"速度 × 时间 = 距离

"由此演化出来，便得：

"速度 = 距离 ÷ 时间

"时间 = 距离 ÷ 速度"

我们说：

"赵阿毛的儿子是赵小毛，老婆是赵大嫂子。

"赵大嫂子的老公是赵阿毛，儿子是赵小毛。

"赵小毛的妈妈是赵大嫂子，爸爸是赵阿毛。"

这三句话，表面自然不一样，立足点也不同，从文学上说，所给我们的意味、语感也不同；所表达的根本关系却只有一个，画个图便是：

照这种情形，将例一先分析一下，我们可以得出下面各元素以及元素间的关系：

1. 甲每小时行三里。

2. 甲先走三小时。

3. 甲共走七小时半。

4. 甲乙都共走二十二里半。

5. 乙每小时行五里。

6. 乙共走四小时半。

7. 甲每小时所行的里数（速度）乘以所走的时间，得出甲走的路程。

8. 乙每小时所行的里数（速度）乘以所走的时间，得出乙走的路程。

9. 甲乙所走的总路程相等。

10. 甲乙每小时所行的里数相差二。

11. 甲乙所走的小时数相差三。

由 1 到 6 是这题所含的六个元素。一般来说，只要知道其中的三个，便可将其余的三个求出来。如例一，知道的是 1，5，2，而求得的是 6，但由 2，6 便可得 3，由 5，6 就可得 4。例二，知道的是 1，2，6，而求得 5，由 2，6 当然可得 3，由 6，5 便得 4。例三，知道的是 1，2，4，而求得 5，由 1，4 可得 3，由 5，4 可得 6。

不过有少数的例外，如 1，3，4，因为 4 可以由 1，3 得出来，所以不能成一个题。2，3，6 只有时间，而且由 2，3 就可得 6，也不能成题。再看 4，

5，6，由4，5可得6，一样地不能成题。

从6个元素中取出3个来做题目，照理可成20个。除了上面所说的不能成题的3个，以及前面已举出的3个，还有14个。这14个的算法，当然很容易演算，而且画出图来和前三例的全然一样。为了便于比较、研究，逐一写在后面。

例四　甲每小时行三里[1]，走了三小时，乙才动身[2]，他共走了七小时半[3]被乙赶上，求乙的速度。

$$3^{里/小时} \times 7.5^{小时} \div (7.5^{小时} - 3^{小时}) = 5^{里/小时} \cdots \cdots 乙的速度。$$

例五　甲每小时行三里[1]，先动身，乙每小时行五里[5]，从后追他，只知甲共走了七小时半[3]，被乙追上，求甲先动身几小时？

$$7.5^{小时} - 3^{里/小时} \times 7.5^{小时} \div 5^{里/小时} = 3^{小时} \cdots \cdots 甲先动身三小时。$$

例六　甲每小时行三里[1]，先动身，乙从后面追他，四小时半[6]追上，而甲共走了七小时半[3]，求乙的速度。

$$3^{里} \times 7.5^{小时} \div 4.5^{小时} = 5^{里/小时} \cdots \cdots 乙的速度。$$

例七　甲每小时行三里[1]，先动身，乙每小时行五里[5]，从后面追他，走了二十二里半[4]追上，求甲先走的时间。

$$22.5^{里} \div 3^{里/小时} - 22.5^{里} \div 5^{里/小时} = 7.5^{小时} - 4.5^{小时} = 3^{小时} \cdots \cdots 甲先走三小时。$$

例八　甲每小时行三里[1]，先动身，乙追四小时半[6]，共走二十二里半[4]追上，求甲先走的时间。

$$22.5^{里} \div 3^{里} - 4.5^{小时} = 7.5^{小时} - 4.5^{小时} = 3^{小时} \cdots \cdots 甲先走三小时。$$

例九　甲每小时行三里[1]，先动身，乙从后面追他，每小时行五里[5]，四小时半[6]追上，甲共走了几小时？

$$5^{里/小时} \times 4.5^{小时} \div 3^{里/小时} = 22.5^{里/小时} \div 3^{里/小时} = 7.5^{小时} \cdots \cdots 甲共走七小时半。$$

例十　甲先走三小时[2]，乙从后面追他，在距出发地二十二里半[4]的地方追上，而甲共走了七小时半[3]，求乙的速度。

$22.5^{里} \div (7.5^{小时} - 3^{小时}) = 22.5^{里} \div 4.5^{小时} = 5^{里/小时}$……乙的速度。

例十一 甲先走三小时[2]，乙从后面追他，每小时行五里[5]，到甲共走七小时半[3]时追上，求甲的速度。

$5^{里/小时} \times (7.5^{小时} - 3^{小时}) \div 7.5^{小时} = 22.5^{里} \div 7.5^{小时} = 3^{里/小时}$……甲的速度。

例十二 乙每小时行五里[5]，在甲走了三小时的时候[2]动身追甲，乙共走二十二里半[4]追上，求甲的速度。

$22.5^{里} \div (22.5^{里} \div 5^{里/小时} + 3^{小时}) = 22.5^{里} \div 7.5^{小时} = 3^{里/小时}$……甲每小时所行的里数。

例十三 甲先动身三小时[2]，乙用四小时半[6]，走二十二里半路[4]，追上甲，求甲的速度。

$22.5^{里} \div (3^{小时} + 4.5^{小时}) = 22.5^{里} \div 7.5^{小时} = 3^{里/小时}$……甲的速度。

例十四 甲先动身三小时[2]，乙每小时行五里[5]，乙从后面追甲，走四小时半[6]追上，求甲的速度。

$5^{里/小时} \times 4.5^{小时} \div (3^{小时} + 4.5^{小时}) = 22.5^{里} \div 7.5^{小时} = 3^{里/小时}$……甲的速度。

例十五 甲七小时半[3]走二十二里半[4]；乙每小时行五里[5]，在甲动身后若干小时后动身，正追上甲；求甲先走的时间。

$7.5^{小时} - 22.5^{里} \div 5^{里/小时} = 7.5^{小时} - 4.5^{小时} = 3^{小时}$……甲先走三小时。

例十六 甲动身后若干小时，乙动身追甲，甲共走七小时半[3]，乙共走四小时半[6]，所走的距离为二十二里半[4]，求各人的速度。

$22.5^{里} \div 7.5^{小时} = 3^{里/小时}$……甲的速度。

$22.5^{里} \div 4.5^{小时} = 5^{里/小时}$……乙的速度。

例十七 乙每小时行五里[5]，在甲动身若干小时后追他，到追上时，甲共走了七小时半[3]，乙只走四小时半[6]，求甲的速度。

$5^{里/小时} \times 4.5^{小时} \div 7.5^{小时} = 22.5^{里} \div 7.5^{小时} = 3^{里/小时}$……甲的速度。

十七个题中，第十六题，严格地说已不成一个题了。将这些题对照图看，并且比较它们的算法，可以知道：将一个题中的已知元素和所求的元素对调而组成一个新题，这两题的计算法的更改有一定法则。大体说来总是这样：新题的算法对于被换掉的元素而言，正是原题算法的还原，加减互变，乘除也互变。

前面每一题都只求一个元素，若将各未知的 3 个元素分别设计一题，实际就成了 48 个题。还有，甲每小时行三里，先走三小时，就是先走九里，这也可用来代替第二元素，而和其他的二元素组成若干题，这样演算多么活泼有趣！而且对于研究学问实在是一种很好的训练。

本来无论什么习题，都可以用这种方法去探索。但前几次的例子比较简单，变化也就少一些。而举一反三，正好是一个练习的机会，所以应该不怕麻烦，多练习。

这样去演算习题，学了一个题目的计算法，便可悟到许多关系相同、形式各样的题的算法，实不只"举一反三"，简直要"闻一以知十"，使我感到无穷的快乐。我现在才感到数学不是枯燥的。

马先生费了许多精力，教给我们这探索题目的方法，时间已过去不少，但他还不感到吃力，继续讲下去。

例十八　甲、乙两人在相隔十四里的东西两地，同时相向动身，甲每小时行二里，乙每小时行一里半，两人几小时后在途中相遇？

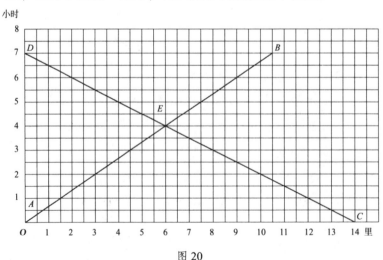

图 20

这道题差不多是我们各自完成的。马先生只告诉了我们，应当注意两点：第一，甲和乙走的方向相反，所以甲从 $C$ 向 $D$，乙就从 $A$ 向 $B$，$AC$ 相隔 14 里；第二，因为题上所给的数都不大，图上的单位应取得大一些——都用 2 小段当 1——图才好看，画图也要尽可能美观。

由 $E$ 点横看去得 4，自然就是 4 小时后两人在途中相遇了。

"趣味横生"，横了看去，甲乙两人，每走 1 小时近了 3.5 里，就是甲乙速度的和，所以算法也就得出来了：

$$14^{里} \div （ 2^{里/小时} + 1.5^{里/小时} ） = 14^{里} \div 3.5^{里/小时} = 4^{小时} \cdots\cdots 所求的小时数。$$

这算法，没有一个人不对，算学真是人人能领受的啊！

马先生很高兴地提出下面的问题，要我们回答算法，当然，这更不是什么难事。

（1）两人相遇的地方，距东西各几里？

$$2^{里/小时} \times 4^{小时} = 8^{里} \cdots\cdots 距东的里数。$$

$$1.5^{里/小时} \times 4^{小时} = 6^{里} \cdots\cdots 距西的里数。$$

（2）甲到了西地，乙还距东地几里？

$$14^{里} - 1.5^{里/小时} \times （ 14^{里} \div 2^{里/小时} ） = 14^{里} - 10.5^{里} = 3.5^{里} \cdots\cdots 乙距东的里数。$$

下面的演算，是我和王有道、周学敏依照马先生前面的例子做的。

例十九　甲乙两人在相隔十四里的东西两地，同时相向动身，甲每小时行二里，走了四小时，两人在途中相遇，求乙的速度。

$$（14^{里} - 2^{里/小时} \times 4^{小时}） \div 4^{小时} = 6^{里} \div 4^{小时} = 1.5^{里/小时} \cdots\cdots 乙的速度。$$

例二十　甲乙两人在东西相隔十四里的两地，同时相向动身，乙每小时行一里半，走了四小时，两人在途中相遇，求甲的速度。

$$（14^{里} - 1.5^{里/小时} \times 4^{小时}） \div 4^{小时} = 8^{里} \div 4^{小时} = 2^{里/小时} \cdots\cdots 甲的速度。$$

例二十一　甲乙两人在东西两地，同时相向动身，甲每小时行二里，乙每小时行一里半，走了四小时，两人在途中相遇，两地相隔几里？

（ $2^{里/小时}$ + $1.5^{里/小时}$ ）× $4^{小时}$ = $3.5^{里/小时}$ × $4^{小时}$ = $14^{里}$ ……两地相隔的里数。

这个例题所含的元素只有 4 个，所以只能完成 4 个形式不同的题，自然比马先生前面所讲的例题简单得多；不过，我们能够这样穷搜死追，心中确实感到无比愉快！

下面又是马先生所提示的例题。

例二十二　从宋庄到毛镇有二十里，何畏四小时走到，苏绍武五小时走到，两人同时从宋庄动身，走了三小时半，相隔几里？走了多少时间，相隔三里？

马先生说，这个题目的要点，在于正确地指明解答的所在。他将表示甲和乙所走的行程、时间的关系的线画出来以后，这样问：

"走了 3.5 小时，相隔的里数，怎样指示出来？"

"从 3.5 小时的那一点画条横线和两直线相交于 F、H，F、H 间的距离，3.5 里，就是所求的。"

"那么，几时相隔 3 里呢？"

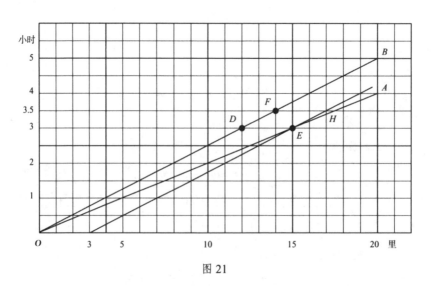

图 21

由图 21，可以清晰地看出来：走了 3 小时，就相隔 3 里。但怎样由画法求出来，倒一下子难住了我们。

马先生见没人回答，便说道："你们难道不曾留意过平行四边形吗？"随即在黑板上画了一个 ABCD 平行四边形，接着说：

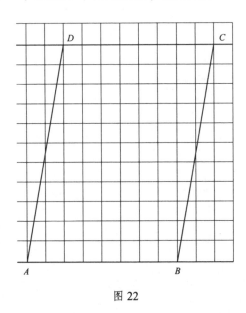

图 22

"你们看图 22 的 AD、BC 是平行的，而 AB、DC 以及 AD、BC 间的横线都是平行的，不但平行而且还是一样长。应用这个道理（图 21），过距 O3 里的一点，画一条线和 OB 平行，它与 OA 交于 E。在 E 这点两线间的距离正好是 3 里，而横了看过去，却是 3 小时，这便是解答。"

至于这题的算法，不用说，很简单，马先生因此都没有提到，我补在下面：

$(20^{里} \div 4^{小时} - 20^{里} \div 5^{小时}) \times 3.5^{小时} = 3.5^{里}$……走了三小时半相隔的里数。

$3^{里} \div (20^{里} \div 4^{小时} - 20^{里} \div 5^{小时}) = 3^{小时}$……相隔三里所需走的时间。

接着，马先生所提出的例题更曲折有趣了。

例二十三　甲每十分钟走一里，乙每十分钟走一里半。甲动身五十分钟时，乙从甲动身的地点动身去追甲。走到六里路的地方，想起忘带了东西，马上回到出发处寻找。花费了五十分钟找到了东西，加快了速度，每十分钟走二里去追甲。若甲在乙动身转回时，休息过三十分钟，乙在什么地方追上甲？

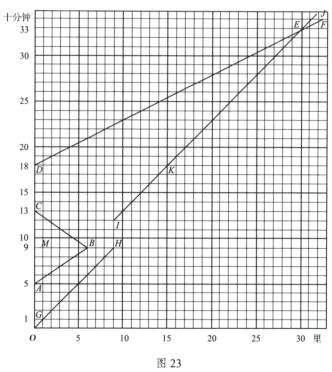

图 23

"先来讨论表示乙所走的行程和时间的线的画法。"马先生说，"要注意5个要点：①出发的时间比甲迟50分钟；②出发后每10分钟行1.5里；③走到6里便回头，速度没有变；④在出发地停了50分钟才第二次动身；⑤第二次的速度，每10分钟行2里。"

"依第一点，就时间说，应从50分钟的地方画起，因而得A。从A起依照第二点，每一单位时间——10分钟——1.5里的固定倍数，画直线到6里的地方，得AB。

"依第三点，从B折回，照同样的固定倍数画线，正好到130分钟的C，得BC。

"依第四点，因为时间虽然一分钟一分钟地过去，乙却没有离开一步，即 50 分钟都停着不动，所以得 CD。

"依第五点，从 D 起，每单位时间，以二里的固定倍数，画直线 DF。

"至于表示甲所走的行程和时间的线，却比较简单，始终是一定的速度前进，只有在乙达到 6 里的 B——正是 90 分钟，甲达到 9 里时，他休息了——停着不动——30 分钟，然后继续前进，因而这条线是 GH、IJ。

"两线相交于 E 点，从 E 点往下看得 30 里，就是乙在距出发点 30 里的地点追上甲。

"从图上观察，能够得出算法来吗？"马先生问。

"当然可以的。"见没有人回答，他自己接下去就讲这题的计算法。

老实说，这个题就图看去，就和乙在 D 所指的时间，用每 10 分钟 2 里的速度，从后面去追甲一样。但甲这时已走到 K，所以乙需追上的里数，就是 DK 所指示的。

倘若知道了 GD 所表示的时间，那么除掉甲在 HI 所休息的 30 分钟，便是甲从 G 到 K 所走的时间，用它去乘甲的速度，得出来的即是 DK 所表示的距离。

在图上 GA 是甲先走的时间：50 分钟。

AM、MC 都是乙以每 10 分钟行 1.5 里的速度，走了 6 里所用去的时间，所以都是（6÷1.5）个 10 分钟。

CD 是乙寻找东西费去的时间：50 分钟。

因此，GD 所表示的时间，也就是乙第二次动身追甲时，甲已经在路上用去的，应当是：

$$GD = GA + AM \times 2 + CD = 50^{分钟} + 10^{分钟} \times (6 \div 1.5) \times 2 + 50^{分钟} = 180^{分钟}$$

但甲在这段时间内休息过 30 分钟，所以，在路上走的时间只是：

$$180^{分钟} - 30^{分钟} = 150^{分钟}$$

而甲的速度是每 10 分钟 1 里，因而，DK 所表示的距离是：

$1^{里} \times (150 \div 10) = 15^{里}$

乙追上甲从第二次动身所用的时间是：

$15^{里} \div (2^{里} - 1^{里}) = 15$（十分钟）

乙所走的距离是：

$2^{里} \times 15 = 30^{里}$

这题真是曲折，要不是有图对着看，这个算法我是很难听懂的。马先生说："我再用一个例题来结束今天的讲课。"

例二十四　甲、乙两地相隔一万尺[①]，每隔五分钟同时对开电车一部，电车的速度为每分钟五百尺。冯立人从甲地乘电车到乙地，在电车中和对面开来的车两次相遇，中间隔几分钟？又从开车至乙地中间，和对面开来的车相遇几次？

题目写出后，马先生和我们作下面的问答：

"两地相隔 10000 尺，电车每分钟行 500 尺，几分钟可走一趟？"

"20 分钟。"

"倘若冯立人所乘的电车是对面刚开到的，那么这部车是几时从乙地开过来的？"

"前 20 分钟。"

"这部车从乙地开出，再回到乙地，共需多长时间？"

"40 分钟。"

"乙地每 5 分钟开来一部电车，40 分钟共开来几部？"

"8 部。"

经过这样一番讨论，而且马先生已将图画了出来，还有什么难懂的呢？

从图中一眼就看得出，冯立人在电车中和对面开来的电车两次相遇，中间相隔的时间是两分钟半。

---

① 尺：距离的旧单元，1 尺约等于 33.33 厘米。

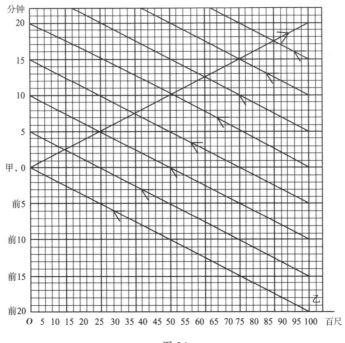

图 24

从开车到乙地途中，和对面开来的车相遇 7 次。

算法是这样：

$10000^{尺} \div 500^{尺/分钟} = 20^{分钟}$……走一趟的时间。

$20^{分钟} \times 2 = 40^{分钟}$……来回一趟的时间。

$40^{分钟} \div 5^{分钟} = 8$……一部车自己来回一趟，从乙地所开出的车数。

$20^{分钟} \div 8 = 2.5^{分钟}$……和对面开来的车两次相遇，中间相隔的时间。

$8^{次} - 1^{次} = 7^{次}$……和对面开来的车相遇的次数。

"这课到此为止，但我还得拖个尾巴，留个题给你们自己去做。"马先生说完，写出下面的题，匆匆地退出课堂，他额上的汗珠已滚到脸颊上了。

今天足足在堂上坐了两个半小时，走到寝室里，觉得很疲倦，但对于马先生所给的题，不知为什么，还不肯放下，并且决心独自一个人来试做。总算"有志者事竟成"，费了 20 分钟，居然成功了。但愿经过这一次暑假，能摸到学算学的门径！

例二十五　甲乙两地相隔三英里[①]，电车每时行十八英里，从上午五时起，每十五分钟，两地各开车一部。阿土上午五时一分从甲地电车站，顺着电车轨道步行，于六时零五分到乙地车站。阿土在路上碰到往来的电车共几次？第一次应在什么时候和什么地点？

答案：

阿土共碰到往来电车 8 次。

第一次在上午 5 时 8 分半多。

第一次离甲地 0.36 英里。

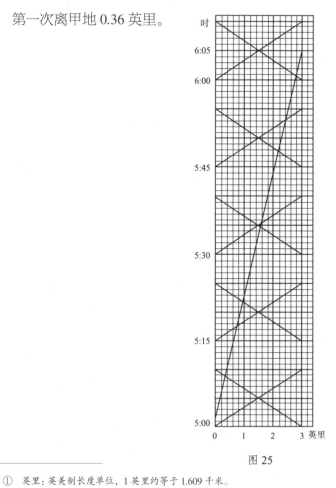

图 25

———————————

① 英里：英美制长度单位，1 英里约等于 1.609 千米。

# 6 时钟的两根针

"这次课，我们讲一个令许多人有点莫名其妙的题目。"马先生说完了，在黑板上写出：

例一　时钟的长针和短针，在二点与三点之间，什么时候碰在一块？

这个题，我知道，王有道确实是会算的，但是，奇怪得很，马先生写完题目以后，他却一声不响。后来下了课，我问他，他的回答是："会算是会算的，但听听马先生有什么别的讲法，不是更有益处吗？"我听了他的这番话，不免有些儿惭愧：我自己觉得已经懂得的东西，往往不喜欢听先生再讲，这着实是缺点。

"这题的难点在哪里？"马先生问。

"两根针都是在钟面上转，长针转得快，短针转得慢。"我大胆地回答。

"不错！不过，仔细想一想，就没有什么困难了。"马先生这样回答，并且接着说：

"无论是跑圆圈，还是跑直路，总是在一定的时间里面，走过了一定的距离。而且，时钟的这两根针，好似受过严格训练一般，在相同的时间内，各自所走的距离总是一定的。——在物理学上，这叫做等速运动。一切的运动法则都可用速度、时间和距离这三项关系表示出来。在等速运动中，它们的关系是：

"距离＝速度×时间。

"现在就针对这一点，将本题来探究一番。

"李大成，你说长针转得快，短针转得慢，怎么知道的？"马先生向我提出这样的问题，惹得大家都笑了起来。当然，这是凡看见过时钟走动的人都知道的，还成什么问题。不过马先生既然特地提出来，我倒不免有点儿发呆了。怎样回答好呢？我终于大胆地答道：

"看出来的！"

"当然，不是摸出来的，而是看出来的了！不过，我的意思，单说快慢，未免太笼统些儿，我要问你，这快慢，怎样比较出来的？"

"长针1小时可以转60分钟的位置，短针却只转5分钟的位置，长针不是比短针转得快吗？"

"这就对了！我们现在知道了长针和短针在60分钟时间内所走的距离，那么，它们的速度怎样呢？"马先生望着周学敏。

"用时间去除距离，就得速度。长针每分钟转一分钟的位置；短针每分钟只转 $\frac{1}{12}$ 分钟的位置。"周学敏回答。

"现在，两根针的速度都已知道了，暂且放下。再来看题上的另一个条件，正好两点钟的时候，长针在短针的后面多少距离？"

"10分钟的距离。"四五人一同回答。

"那么，这题目和赵阿毛在赵小毛的前面10里，赵小毛从后面赶他，赵小毛每小时走1里，赵阿毛每小时走 $\frac{1}{12}$ 里，几时可以赶上？——有什么区别？"

"一样！"真正地众口一词。

这样推理的结果，我们不但能够将图画出来，而且算法也非常明晰了：

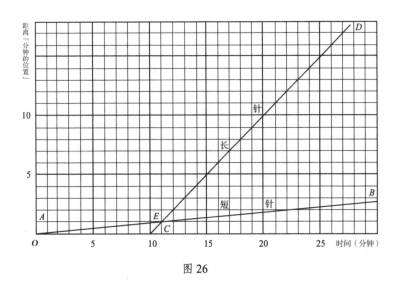

图 26

$$10^{\text{分钟}} \div \left(1 - \frac{1}{12}\right) = 10^{\text{分钟}} \div \frac{11}{12}^{\text{分钟}}$$

$$= \frac{120}{11}^{\text{分钟}} = 10\frac{10}{11}^{\text{分钟}}$$

马先生说，这类题的变化并不十分多，要我们各自作一张图，表示出从零时起，到十二时止，两根针每次相遇的时间。自然，这只是将前一图扩充一下就得了（见图 27）。但在我将图画完，仔细玩赏一番以后，觉得算学真是有趣味的科目。

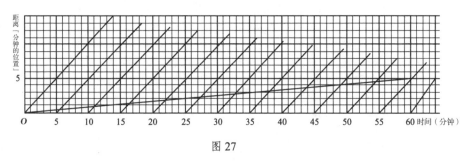

图 27

马先生提出的第二例是：

例二　时钟的两针在二点与三点之间，什么时候成一个直角？

马先生叫我们大家将这题和前一题比较，说出各个要点来，我们都只知道一个要点：

——两针成直角的时候，它们的距离是 15 分钟。

后来经过马先生的种种提示，又得出第二个要点：

——在二点与三点间，两针要成直角，长针得赶上短针与它重合，——这是前一题——再超过它 15 分钟。

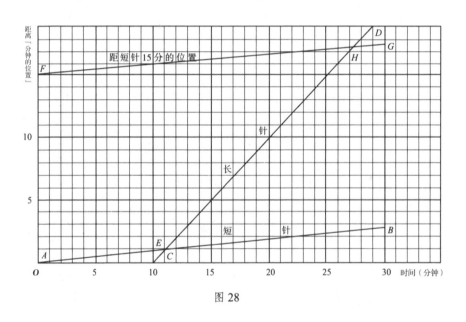

图 28

这样一来，不用说，我们都明白了。作图的方法，只是在图 26 上增加一条和 AB 平行的线 FG，它和 CD 的交点 H，便指示出我们所要的解答。这理由也很明白了，FG 和 AB 平行，AF 相隔 15 分钟，所以 FG 上面的各点垂直画线下来和 AB 相交，则 FG 和 AB 间的各线段都是一样长，表示 15 分钟的距离，所以 FG 便是表示距离长针 15 分钟。

至于这题的算法，那更是容易明白了。长针对于短针先赶上 10 分钟，再超过 15 分钟，长针一共需比短针多走 10＋15 分钟，所以：

$$（10^{\text{分钟}} + 15^{\text{分钟}}） \div (1 - \frac{1}{12}) = 25^{\text{分钟}} \div \frac{11}{12}$$

$$= 25^{\text{分钟}} \times \frac{12}{11}$$

$$= \frac{300}{11}^{\text{分钟}}$$

$$= 27\frac{3}{11}^{\text{分钟}}$$

这就是答案。

这些，在马先生问我们的时候，我们都回答得上来。虽则是这样，但在我——至少我得承认——实在是一个谜。为什么平时遇着一个题目我们不能这样去思索呢？这几天，我心里都怀着这个疑问，得不到回答，不是吗？倘若我们会这样寻根究底地推想，还有什么题目做不出来呢？我也曾带着这个疑问去问过王有道，但他的回答不能使我满意。不，简直使我生气。他只是轻描淡写地说："这叫做'难者不会，会者不难'。"

老实说，我要不是平时和王有道很好，知道他并不会"恃才傲物"，我真会生气，说不定要翻了脸骂他一顿。——王有道看到这里，伸伸舌头说，喂！谢谢你！刀下留情！我没有以会者自居，只是羡慕会者的不难罢了！——他的回答，不是等于不回答吗？难道世界上的人，生来就有两类：一类是对于算学题目，简直是不会解题的"难者"，一类是对于算学题目不用多想，就解答得出来的"会者"吗？真是这样，学校里设算学这一科目，对于前者，便是白费力气；对于后者，便是多此一举！这和马先生的观点也未免矛盾了！怀着这疑问有好几天了！原来，从前，我也是用擅长与不擅长来解释的，而我自己，当然自居于不擅长之列。但马先生对于这种说法是一个否定论者，而且自从听了马先生这几次的讲解以后，我虽不敢就成为否定论者，至少也是怀疑论者了。怀疑！怀疑！怀疑只是过程！最后总应当有个不容怀疑的结论呀！这结论是什么？

被我们尊为"马浪荡"的马先生，我想他一定可以给我们一个确切的回答的。我怀着这样的期望，屡次想将这个问题提出来，静候他的回答，但终于因为缺乏勇气的缘故，不敢提出。今天，到了这个时候，我真忍无可忍了。题目的解答法，一经道破，真是"会者不难"，为什么别人会这样想，我们不能呢？我大胆地问马先生："为什么别人会这样想，我们却不能呢？"

马先生真是形容不出的高兴，说道：

"好！你这个问题很有意思！现在我来跑一次野马。"

马先生跑野马！大家哄堂大笑！

"你们知道小孩子是怎么学走路的吗？"这话问得太不着边际了，大家只好报之以沉默。他接着说：

"小孩子不是一生下来就会走的，他先是自己不能移动，随后再练习着直立了走。只要不是过分娇养或残疾的小孩子，两岁总会无所倚傍地直立步行了。但是，你们要知道，直立步行，是人类一大特点，现在的小孩子只要两岁就够的，我们的祖先，却费了不少的力气才能够呀！自然，我们可以这样解释，古人不如今人，但这并不能使人佩服。现在的小孩子能够走得这么早，一半是遗传的力量，而一半却是有一个学习的环境，一切他所见到的比他大的人的动作，都是他模仿的榜样。

"一切文化的进展，正和小孩子学步相同。明白这个道理，那么这疑问就可以解答了。一种题目的解决，就是一个发明。发明这件事，说它难吗，真难，一定要发明点什么，这是谁也没有把握能够做到的。但，说它不难真也不难！有一定的学力和一定的环境，继续不断地努力，总不至于一无所成。

"学算学，以及学别的功课都是一样，一面先弄懂别人已经发明的，而且注意他们研究的过程和方法，一面就应用这种态度和方法去解决自己所遇到的新问题。泛泛地说，你们学了些题目的解法，自然也就会解别的问题，这也是一种发明。不过这种发明是别人早已得出来的罢了。

"总之，学别人的算法是一件事，学思索这种算法的方法，则是另一件事，而后一种更重要。"

马先生的议论，我还是有所怀疑。总有些人比较会思索些。但是，马先生却说，不可以忘掉了一切的发展都是历史的，都是许多人努力的结晶。他的意思是说"会想"并不是凭空会的，要我们去努力学习。这话，虽然我还不免怀疑，但努力学习总是应当的，于是，我的疑问只好暂时放下了。

马先生发完了议论，就转到本题："现在你们自己去研究在各小时以后两针成直角的时间。你们要注意，有几小时内是可以有两次的。"

课后，我们在一起研究的结果便是图 29。我们还将一只表从正十二点旋到正十二点来观察过，真是不差分毫。我感到愉快，同时也觉得算学真是生动有趣的一个科目。

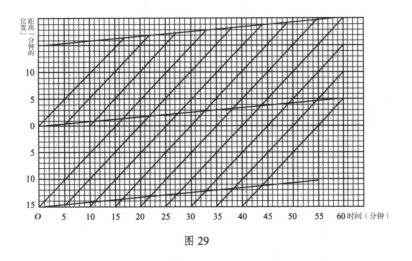

图 29

关于时钟两针的问题，一般的书上，还有"两针成一直线"的，马先生说，这再也没有什么难处。他要我们自己去"发明"。其实对照了前两个例题，真一点儿也不难啊！

## 7 流水行舟

"这次，我们先来探究流水行舟这种运动。"马先生说。

"运动是力的作用，这是学物理的人都应当知道的常识。在流水中行舟，这种运动，受到几个力的影响？"

"两个：一、水流的，二、人划的。"这我们都可以想到。

"我们叫水流的速度是流速，人划船使船前进的速度，叫漕速，那么，在流水上行舟，这两种速度的关系怎样？"

"下行速度 = 漕速 + 流速，上行速度 = 漕速 − 流速。"

这是王有道的回答。

例一　水程六十里，顺流划行五小时可到，逆流划行十小时可到，每小时水的流速和船的漕速怎样？

经过前面的探究，我们已知道，这简直和"和差问题"没有什么两样。

水程 60 里，顺流划行 5 小时可到，所以下行的速度，就是漕速和流速的"和"，是每小时 12 里。

逆流划行 10 小时可到，所以上行的速度，就是漕速和流速的"差"，是每小时 6 里。

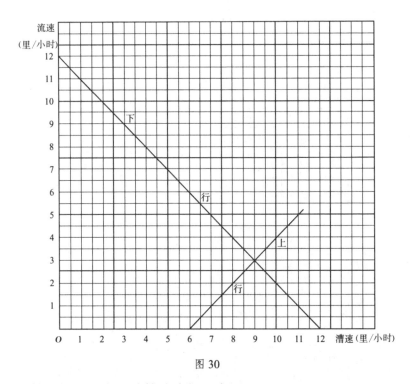

图 30

上面的图极易画出，计算法也很明白：

$$( 60^{里} \div 5^{小时} + 60^{里} \div 10^{小时} ) \div 2 = ( 12^{里} + 6^{里} ) \div 2 = 9^{里/小时} \cdots \cdots 漕速。$$

$$( 60^{里} \div 5^{小时} - 60^{里} \div 10^{小时} ) \div 2 = ( 12^{里} - 6^{里} ) \div 2 = 3^{里/小时} \cdots \cdots 流速。$$

例二　王老七的船，从宋庄下行到王镇，漕速每时七里，水流每时三里，六小时可到，回来需几小时？

马先生写完了习题，问："运动问题总是由速度、时间和距离三项中的两项求其他一项，本题所求的是哪一项？"

"时间！"大家轻松地回答。

"那么，应当知道些什么？"

"速度和距离。"有三个人说。

"速度怎样？"

"漕速和流速的差，每小时 4 里。"周学敏说。

"距离呢？"

"下行的速度是漕速同流速的和，每小时 10 里，共行 6 时，所以是 60 里。"王有道回答说。

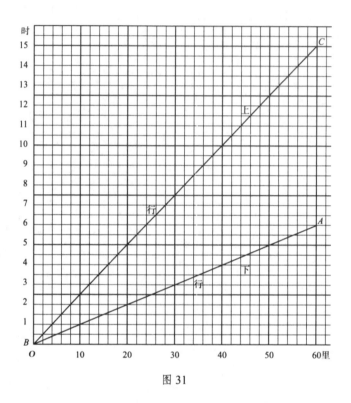

图 31

"对的，不过若是画图，只要照一定倍数的关系，画 AB 线就行了。王老七要从 B 回到 A，每时走 3 里，他的行程也是一条表示一定倍数关系的直线：BC。至于计算法，只要一分析就容易了。"马先生不曾说出计算法，也没有要我们各自做，我将它补在这里：

$$（ 7^{里/小时} + 3^{里/小时}） \times 6^{小时} \div （ 7^{里/小时} - 3^{里/小时}） = 60^{里} \div 4^{里/小时} = 15^{小时}$$

**例三** 水流每小时二里，顺水五小时可行三十五里的船，回来需几小时？

这题，在形式上好似比前一题烦琐，但马先生叫我们抓住了速度、时间

和距离三项之间的关系去想，真是"会者不难"！

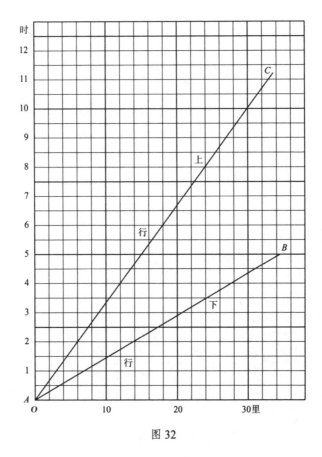

图 32

图 32 中，*AB* 线表示船下行的速度、时间和距离的关系。

漕速和流速的和是每小时 7 里，而流速是每小时 2 里，所以漕速和流速的差每小时 3 里，便是上行的速度。

依固定倍数的关系作 *AC*，这图就完成了。

算法也很容易懂得：

$$35^{里} \div [ (35^{里} \div 5^{小时} - 2^{里/小时}) - 2^{里} ] = 35^{里} \div 3^{里/小时} = 11\frac{2}{3}^{小时}$$

例四　上行每小时二里，下行每小时三里，这船往返于某某两地，上行比下行多需二小时，两地相距几里？

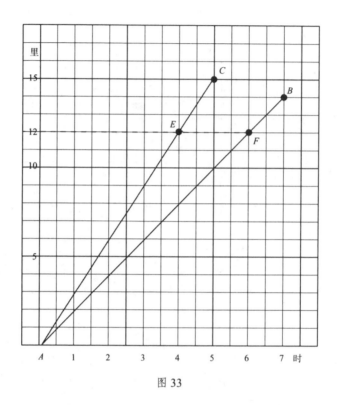

图 33

依照表示固定倍数关系的方法，我们画出表示上行和下行的行程线 AB 和 AC（见图 33）。EF 正好表示相差二小时，因而得到所求的距离是 12 里，正与题吻合。我们都很得意，马先生却不满足，他说：

"对是对的，但不好。"

"为什么？对了，还不好？"我们有点不服。

马先生说："EF 这条线，是先看好了距离，凑巧才画的，自然也是一种办法。不过，若有别的更正确可靠的方法，那岂不是更好吗？"

"……"大家默然。

"题上已说明相差 2 小时，那么表示下行的 AC 线，若从二时那点画起，则得交点 E，岂不是比较明白吗？"

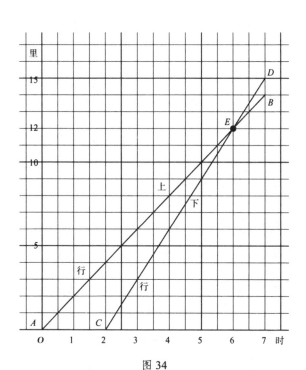

图 34

真的！这一来是更好了一点！由此可以知道"学习"真不容易。古人说
"开卷有益"，我感到"听讲有益"，因此，即使自己已经知道了，有机会也
得多多听取别人的意见。

# 8 年龄的关系

"你们会猜谜吗？"马先生出乎意料地提出这么一个问题，大约问题来得突兀的缘故，大家都沉默了。

"据说从前有个人出了个谜给人猜，那谜面是一个'日'字，猜杜诗一句，你们猜是什么句子？"马先生望着大家。

没有一个人回答。

"无边落木萧萧下。"马先生说，"怎样解释呢？这就说来话长了。中国在晋以后分成南北朝，南朝最初是宋，宋以后是萧道成所创的齐，齐以后是萧衍所创的梁，梁以后是陈霸先所创的'陳'。'萧萧下'就是说，两朝姓萧的皇帝之后，当然是'陳'。'陳'字去了左边是'東'字，'東'字去了'木'字便只剩'日'字了。这样一解释，好似这谜真不错，但是出的人可以'妙手偶得之'，而猜的人却只好暗中摸索了。"

这虽然是一个有趣的故事，但我，也许不只我，始终不明白马先生在讲算学时突然提到它有什么用意，只得静静地等待他的讲解了。

"你们觉得，我提出这故事有点不伦不类吗？其实，一般教科书上的习题，特别是四则运算应用问题一类，倘若没有例题，没有人讲解指导，对于学习的人，也正和谜面一样，只是摸索的程度不同罢了。摸索本来不是正当办法，所以处理一个问题，须得有一定的步骤。第一，就是要理解问题中所包含而没有提出的事实或算理的条件。

"例如这次要讲的年龄的关系的题目，大体可分两种，即每题中或是说到两个以上的人的年龄，要求它们的相互关系成立的时间，或是说到他们的年龄的相互关系而求得他们的年龄。

"但这类题目包含着两个事实上的条件，题目上是不会提到的：其一，两人年龄的差是从他们出生起就一定不变的。其二，每多一年或少一年，两人便各长一岁或小一岁。不懂得这个事实，这类的题目便难于摸索了。这正如上面所说的谜语，别人难于索解的原因，就在于不曾把两个"萧"，看成萧道成和萧衍。话虽如此，毕竟算学不是猜谜，只要留意题上虽没有明确提出，而事实上存在的条件，就不至于暗中摸索了。闲话少说，且提正文。"

例一　现在父年三十五岁，子年九岁，几年后父年是子年的三倍？

写好题目，马先生说："不管三七二十一，我们且把表示父和子的年岁的两条线画出来。在图上，横的数目是岁数，竖的数目是年数。父现在年35岁，以后每过一年增加一岁，用 *AB* 线表示。子现在年9岁，以后也是每过一年增加一岁，用 *CD* 线表示。（见图35）

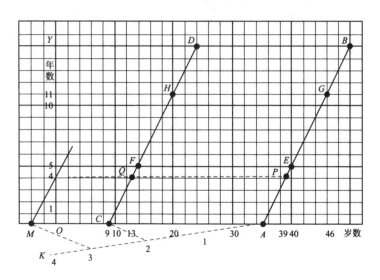

图35

"过 5 年，父年几岁？子年几岁？"

"父年 40 岁，子年 14 岁。"这是谁也回答得上来的。

"过 11 年呢？"

"父年 46 岁，子年 20 岁。"还不是谁都能回答上来的？

"怎样看出来的？"马先生问。

"从 OY 线上记有 5 的那点横看到 AB 线得 E 点，再往下看，就得 40，这是 5 年后父的年岁。又看到 CD 线得 F 点，再往下看得 14，就是 5 年后子的年岁。"我回答。

"从 OY 线上记有 11 的那点横看到 AB 线得 G 点，再往下看，就得 46。这是 11 年后父的年岁。又看到 CD 线得 H 点，再往下看得 20，就是 11 年后子的年岁。"周学敏抢着，而且故意学着我的语调回答。

"对了！"马先生大声地说，但突然顿住。

"5E 是 5F 的 3 倍吗？"马先生问。大家摇摇头。

"11G 是 11H 的 3 倍吗？"仍是一阵摇头，只有周学敏今天不知为什么这般高兴，扯长了声音回答："不——是——"

"现在就是要找在 OY 上的哪一点到 AB 的距离是到 CD 的距离的 3 倍了。当然我们还是应当用画图的方法，不可光用眼睛看。等分线段的方法，还记得吗？在讲除法的时候讲过的。"

王有道说了一段等分线段的方法。

接着马先生说："先随意画一条线 AK，从 A 起在上面取 A1、12、23 相等的三段。连 C2，过 3 作线平行于 C2，与 OA 交于 M。过 M 作线平行于 CD 与 OY 交于 4。这就得了。"

4 年后，父年 39 岁，子年 13 岁，正是父年 3 倍于子年；而图上的 4P 也恰好 3 倍于 4Q，真是神妙！然而为什么这样画就行了，我却不太明白。

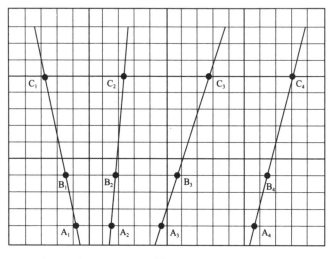

图 36

马先生好似知道我的心事一般，说："现在，我们应当考求这个画法的来源。"他随手在黑板上画出上面的图，要我们看了回答 $B_1C_1$、$B_2C_2$、$B_3C_3$、$B_4C_4$，各线段对于 $A_1B_1$、$A_2B_2$、$A_3B_3$、$A_4B_4$ 的倍数是不是相等的。当然谁也可以看得出来，这倍数都是 2。

大家回答了马先生以后，他说："这就是说，一条线被平行线分成若干段，这些段数的倍数关系，无论这条线怎样画法，都是相同的。所以 $4P$ 对于 $4Q$，和 $MA$ 对于 $MC$，也就和 $3A$ 对于 $32$ 的倍数关系是一样的。"

我明白了。

"假如，题上问的是 6 倍，怎么画？"马先生问。

"在 $AK$ 上取相等的 6 段，连 $C5$，画 $6M$ 平行于 $C5$。"王有道回答。这，现在我也明白了，因为 $OY$ 到 $AB$ 的距离，无论是 $OY$ 到 $CD$ 的距离的多少倍，但 $OY$ 到 $CD$，总是这距离的一倍，因而总是将 $AK$ 上的倒数第二点和 $C$ 相连，而过末一点作线和它平行。

至于这题的算法，马先生教我们由图上加以探究，我们看出 $CA$ 是父子年岁的差，和 $QP$、$FE$、$HG$ 全一样。而当 $4P$ 是 $4Q$ 的 3 倍时，$MA$ 也是

$MC$ 的 3 倍。并且在这地方 $4Q$、$MC$ 都是所求的若干年后的儿子的年龄。因此得下面的算法：

$$（35 - 9）÷（3 - 1）- 9 = 4$$

$$
\begin{array}{cccccc}
\vdots & \vdots & \vdots & \vdots & \vdots & \vdots \\
OA & OC & A3 & 32 & OC & MO（C4）\\
\vdots & \vdots & \vdots & \vdots & \vdots & \vdots
\end{array}
$$

$$（父年 - 子年）÷（倍数 - 1）- 子年 = 年数（所求）$$

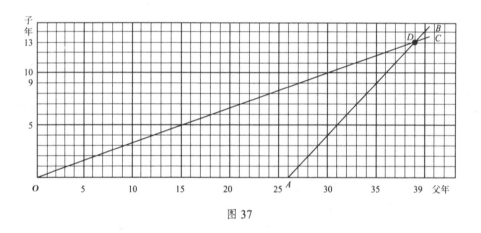

图 37

讨论完毕以后，马先生一句话不说，将图 37 画了出来，指定周学敏去解释。我有点幸灾乐祸，因了他学过我的缘故，但事后一想，这实在无聊。他的算学虽不及王有道，这次却讲得很有条理，而且真是简单明白。下面的一段，就是周学敏讲的，我一字不改地记在这里以表我的忏悔！

别解："父年 35 岁，子年 9 岁，他们相差 26 岁，就是这个人 26 岁时生这儿子，所以他 26 岁时，他的儿子是 0 岁，以后，每过一年，他大一岁，他的儿子也大一岁。依差一定的表示法，得 $AB$ 线。题上要求的是父年 3 倍于子年的时间，依倍数一定的表示法得 $OC$ 线，两线相交于 $D$。依交叉原理，$D$ 点所示的，便是合于题上的条件时，父子各人的年岁，父年 39，子年 13。

从 35 到 39 和从 9 到 13 都是 4，就是 4 年后父年正好是子年的 3 倍。"

对于周学敏的解说，马先生也非常满意，他评价了一句："不错！"就写出例二。

例二　现时，父年三十六岁，子年十八岁，几年前父年是子年的三倍？

这题看上去自然和例一完全相同。马先生由我们各自依样画葫芦地画图，但一动手，便碰了钉子，过 M 所画的和 CD 平行的线与 OY 却交在下面 9 的地方。（见图 38）这是怎么一回事呢？

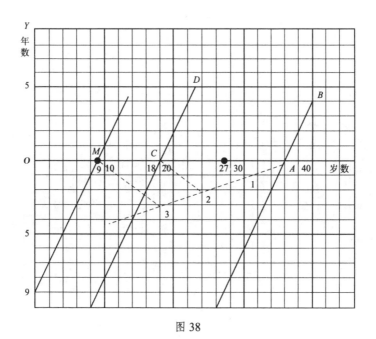

图 38

马先生始终让我们各自去做，一声也不吭。后来我从这 9 的地方横看到 AB，再竖看上去，得父年 27 岁；而看到 CD，再竖看上去，得子年 9 岁；正好父年是子年的 3 倍。到此我才领悟过来，这在下面的 9，表示的是 9 年以前。而这个例题完全是马先生有意弄出来的。这么一来，我还知道几年前或几年后，算法全是一样，只是减的时候，被减数和减数不同罢了。本题的计算应当是：

$$18 - （36 - 18）÷（3 - 1）= 9$$

| ⋮ | ⋮ | ⋮ | ⋮ | ⋮ | ⋮ |
|---|---|---|---|---|---|
| OC | OA | OC | A3 | 32 | OM |
| ⋮ | ⋮ | ⋮ | ⋮ | ⋮ | ⋮ |

子年 −（父年−子年）÷（倍数−1）= 年数（已过去）

我试用别的解法做，得 39 图，AB 和 OC 的交点 D，表明父年 27 岁时，子年 9 岁，正是 3 倍，而从 36 回到 27 恰好 9 年，所以本题的答案是：9 年以前。

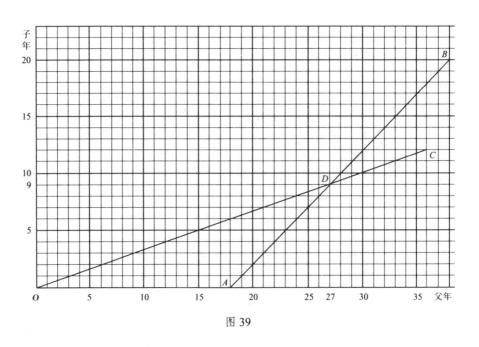

图 39

例三　现时，父年三十二岁，一子年六岁，一女年四岁，几年后，父的年岁与子女二人年岁的和相等？

马先生问我们这个题和前两题的不同之点，这是略一——我现在也敢说"略一"了，真是十二分欣幸！——思索就知道的，父的年岁每过一年只增加一岁，而子女年岁的和每过一年却增加两岁。所以从现在起，父的年岁用

AB 线表示，而子女二人年岁的和用 CD 表示。

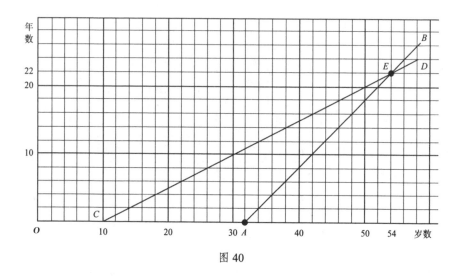

图 40

AB 和 CD 的交点 E，竖看是 54，横看是 22。从现在起，22 年后，父年 54 岁，子年 28 岁，女年 26 岁，相加也是 54 岁。

至于本题的算法，图上显示得很明白。CA 表示现时父的年岁同子女俩的年岁的差，往后去，每过一年这差减少一岁，少到了零，便是所求的时候，所以：

$$[ 32 - ( 6 + 4 ) ] \div ( 2 - 1 ) = 22$$

$$\begin{matrix} \vdots & \vdots & \vdots & \vdots \\ OA & OC & \vdots & \vdots \\ \vdots & \vdots & \vdots & \vdots \end{matrix}$$

父年 -（子年 + 女年）÷（子女数 - 1）= 所求的年数

这题有没有别解，马先生没有说，我也没有想过，而是王有道将它补出来的。

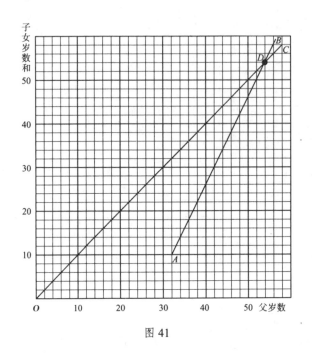

图 41

AB 线表示现在父的年岁同着子女俩的年岁和，以后一面逐年增加一岁，而另一面增加二岁。OC 表示两面相等，即一倍的关系。这都容易想到。只有 AB 线的 A 不在最下一条横线上，这是王有道的巧思，我只好佩服了。据王有道说，他第一次也把 A 点画在三十二的地方，结果不对。仔细一想，才知道错得十分可笑。原来那样画法，是表示父年 32 岁时，子女俩年岁的和是零。由此他想到子女俩的年岁的和是 10，就想到 A 点应当在第五条横线上。虽然如此，我依然佩服！

例四　现时，祖父八十五岁，长孙十二岁，次孙三岁，几年后祖父的年岁是两孙的三倍。

这例题是马先生留给我们做的，依照王有道补充的关于前面习题的另一种解法，我也就照着他的方法得出解它的图来。（见图 42）因为祖父年 85 岁时，两孙共年 15 岁，所以得 A 点。以后祖父加一岁，两孙共加两岁，所以得 AB 线。OC 是表示固定倍数的。两线的交点 D，竖看得 93，是祖父的年岁；横看得 31，是两孙年岁的和。从 85 到 93 有 8 年，所以知道 8 年后祖年是两孙年的 3 倍。

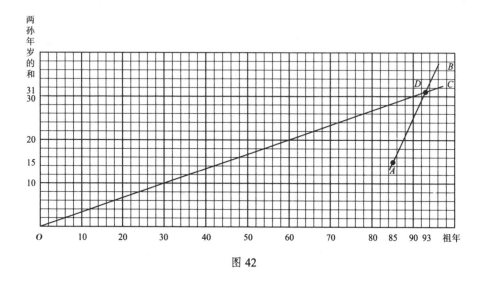

图 42

本题的算法，是我曾经从一本算学教科书上见到的：

$$[85-(12+3)\times3]\div(2\times3-1)=(85-45)\div5=8$$

它的解释是这样：就现时说，两孙共年（12＋3）岁，它的三倍便是（12＋3）×3，比祖父的年岁还少［85－（12＋3）×3］，这差出来的岁数，就需由两孙每年比祖父所多加的岁数来填足。两孙每年共加两岁，就 3 倍计算，共增加 2×3 岁，减去祖父增加的一岁，就是每年多加（2×3－1）岁，由此便得出上面的计算法。

这算法能否由图上得出来，以及本题照前几例的第一种方法是否可解，我们全没有去想，也不好意思去问马先生，因为我们觉得这是他留着让我们自己用心解答的，只得留待将来了。

## 9 多多少少

"今天先读一首诗。"马先生劈头说，随即念了出来：

例一

隔墙听得客分银，不知人数不知银。

七两分之多四两，九两分之少半斤。

"竖线用两小段表示一个人，横线用一小段表示二两银子，这样一来，'七两分之多四两'怎样画法？"

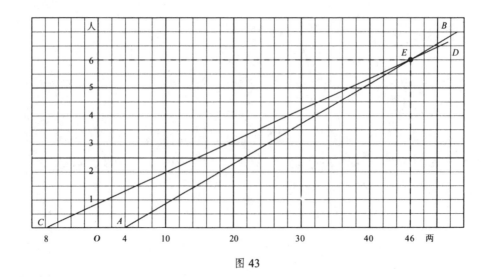

图 43

"先除去 4 两，便是'固定倍数'的关系，所以从 4 两的一点起，照'竖一横七'画 AB 线。"王有道回答。

"那么，九两分之少半斤呢？""少"字说得特别响，这给了我一个暗示，"多四两"在 O 的右边取四两，"少半斤 ①"就得在 O 的左边取 8 两了，我于是回答：

"从 O 的左边八两那点起，依'竖一横九'，画 CD 线。"

AB 和 CD 相交于 E，从 E 横看得 6 人，竖看得 46 两银子，正合题目。

图上 CA 表示多的和少的两数的和，正是（4 + 8），而每多一人所少差的是 2 两，即（9 − 7），因此得算法：

（4＋8）÷（9－7）＝6……人数。

7×6＋4＝46……银两数。

例二　儿童若干人，分铅笔若干支，每人取四支，剩三支，每人取七支，差六支，平均每人可得几支？

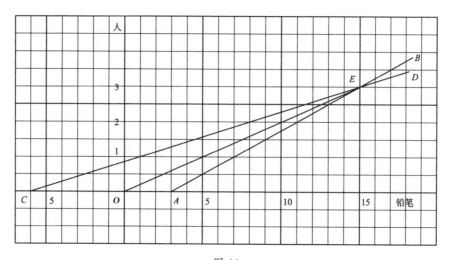

图 44

马先生要每人先将求儿童人数和铅笔支数的图画出来，这只是照葫芦画样儿的勾当，自然手到即成。大家画好以后，他说："将 $O$ 和交点 $E$ 连起来。"接着又问：

"由这条线上看去，一个儿童得到的是多少？"

啊！多么容易呀！3 个儿童，15 支铅笔。每人 4 支，自然剩 3 支；每人 7 支，差 6 支，而平均正好每人 5 支。

# 10 鸟兽同群的问题

一听到马先生说"这次来讲鸟兽同群的问题",我便知道是鸡兔同笼这一类了。

例一 鸡、兔同一笼,共十九个头,五十二只脚,求鸡、免各有几只。

不用说,这题目包含一个事实上的前提条件,鸡是 2 只脚的,而兔是 4 只脚的。

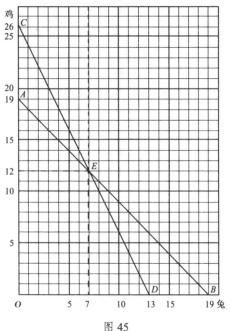

图 45

"依头数说，这是'和一定'的关系。"马先生一面说，一面画 AB 线。

"但若就脚来说，2 只鸡的才等于 1 只兔的，这又是'固定倍数'的关系。假定全都是兔，只应当有 13 只；假定全都是鸡，就应当有 26 只。由此得 CD 线。两线交于 E。竖看得 7 只兔，横看得 12 只鸡，这就对了。"

7 只兔，28 只脚，12 只鸡，24 只脚，一共正好 52 只脚。

马先生说："这个想法和通常的算法正好相反，平常都是假定头数全是兔或鸡，是这样算的：

$$（4 \times 19 - 52）÷（4 - 2）= 12 \cdots\cdots 鸡。$$

$$（52 - 2 \times 19）÷（4 - 2）= 7 \cdots\cdots 兔。$$

"这里却假定脚数全是兔或鸡而得 CD 线。但如果我们看一看下面的图表，便没有什么想不通了。图中 E 点所示的一对数，正是两表中所共有的。

"就头说，总数是 19，——AB 线上的各点所表示的：

| 鸡 | 兔 |
|---|---|
| 0 | 19 |
| 1 | 18 |
| 2 | 17 |
| 3 | 16 |
| 4 | 15 |
| 5 | 14 |
| 6 | 13 |
| 7 | 12 |
| 8 | 11 |
| 9 | 10 |
| 10 | 9 |
| 11 | 8 |
| 12 | 7 |
| 13 | 6 |
| 14 | 5 |
| 15 | 4 |
| 16 | 3 |
| 17 | 2 |
| 18 | 1 |
| 19 | 0 |

"就脚说，总数是 52，——CD 线上各点所表示的：

| 鸡 | 兔 |
|----|----|
| 0 | 13 |
| 2 | 12 |
| 4 | 11 |
| 6 | 10 |
| 8 | 9 |
| 10 | 8 |
| 12 | 7 |
| 14 | 6 |
| 16 | 5 |
| 18 | 4 |
| 20 | 3 |
| 22 | 2 |
| 24 | 1 |
| 26 | 0 |

"一般的算法，自然不能由这图上推想出来，但中国的一种老算法，却从这图上看得很明白，那算法是这样的：

"将足数折半，即 $OC$ 所表示的，减去头数，即 $OA$ 所表示的，便得兔的数目，即 $AC$ 所表示的。"

这类题目，马先生说还可用混合比例来算，我们用两种算法做比较，会更有趣味，这里暂时不多讲。

例二　鸡、兔共二十一只，脚的总数正相等，求各有几只？

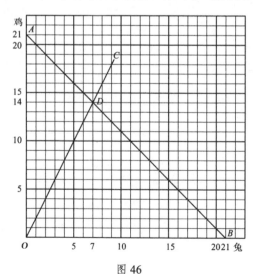

图 46

照前例用 $AB$ 线表示总头数 21 的"和一定"关系。

因为鸡和兔脚的总数相等，不用说，鸡的只数是兔的只数的二倍了。依"固定倍数"的表示法作 $OC$ 线。

由 $OC$ 和 $AB$ 的交点 $D$ 得知兔是 7 只，鸡是 14 只。

例三　小三子替别人买邮票。要四分和二分的邮票各若干张，他将数目说反了，二块八角钱找回二角，原来要买的数目是多少？

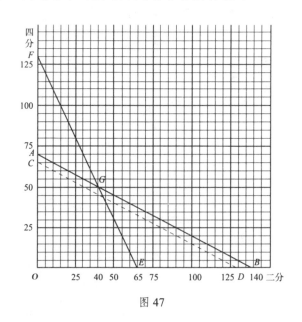

图 47

"对比例题一，这个题怎样？"马先生问。

"只有脚没有头。"王有道很滑稽地说。

"不错！"马先生笑说，"只能照脚数，表示两种张数的倍数关系。第一次的线怎样画法？"

"都买四分的，共 70 张；都买二分的，共 140 张，得 $AB$ 线。"王有道说。

"第二次的呢？"

"都买四分的，共 65 张；都买二分的，共 130 张，得 $CD$ 线。"周学敏说，"但是 $AB$、$CD$ 没有交点。"大家都仰起脸望着马先生。

马先生说："照几何上的讲法，两条线平行，它们的交点在无穷远，这次真是'差之毫厘，失之千里'了。小三子把别人的数弄倒了，你们却把小三子的数弄倒了。"他将 CD 线换画成 EF，得交点 G。横看，四分的 50 张，竖看，二分的 40 张。总共恰是 2 元 8 角。

马先生要我们离开了图来想算法，给我们这样提示："假如别人另给 2 元 6 角钱要小三子重新去买，这次他总算不会弄错了，那么，这人得的邮票怎样？"

不用说，前一次的差是一和二，这一次的便是二和一；前次的差是三和五，这次的便是五和三。这人的两种邮票的张数便一样了。

但是一共花去了（$2.8^{元}$ + $2.6^{元}$）钱，这是周学敏想到的。

每种一张共值（$4^{分}$ + $2^{分}$），我提出这个意见。

跟着，算法就明白了：

（$2.8^{元}$ + $2.6^{元}$）÷（$4^{分}$ + $2^{分}$）= 90……总张数。

（$4 \times 90 - 280$）÷（$4 - 2$）= 40……二分的张数。

$90 - 40 = 50$……四分的张数。

## 11 分工合作

计算工作的题目，对我来说一向是有点神秘感的。今天马先生一写出这个标题，我便很兴奋。

"我们先讲原理罢！"马先生说，"其实拆穿西洋镜也容易得很。工作，只是劳力、时间和效果三项的关联。费了多少力气，经过若干时间，得到几何效果，所谓工作的问题，不过如此。想穿了，和运动的问题丝毫没有两样，速度就是所费力气的表现，时间不用说就是时间，而所走的距离，正是所得到的效果。"

真奇怪！一经说明，我也觉得运动和工作是同一件事了，然而平时为什么想不到呢？

马先生继续说道："在等速运动中，基本的关系是：

"距离＝速度 × 时间。

"而在均一的工作中——所谓均一的工作，就是经过相同的时间，所做的工相等——基本的关系，便是：

"工作＝劳力 × 时间。

"现在还是转到问题上去吧。"

例一　甲四日可完成的事，乙需十日才能成就。若两人合做，一天可成就多少？几天可以做完？

这题的作图，和关于行路的题，实质上没有两样。我们所犹豫不决的，就是行路的问题中，全部距离有数目表示出来，这里却没有，应当怎样处理呢？但这困难马上就解决了。

马先生说："全部工作就算 1，无论用多长表示都可以。不过为了易于观察，不妨用一小段作 1，而以甲乙二人做工的日数 4 和 10 的最小公倍数 20 作全部工作。试用竖的表示工作，横的表示日数——两小段 1 日——甲、乙各自的工作线怎样画法？"

到了这一步，我们没有一个人不会画了。OA 是甲的工作线，OB 是乙的工作线。各人画好争着交给马先生看，其实他已知道我们都会画了，眼睛并不注意看各人的画，尽管口里说"对的，对的"。大家回到座位上后，马先生便问：

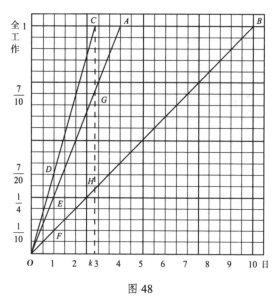

图 48

"那么，甲、乙每人一日做多少工作？"

图上表示得很明白，$1E$ 是 $\frac{1}{4}$，$1F$ 是 $\frac{1}{10}$。

"甲一天做 $\frac{1}{4}$，乙一天做 $\frac{1}{10}$。"差不多是全体同声回答。

"现在就来回答这道题中的问题，两人合做一日，成就多少？"马先生问。

"$\frac{7}{20}$。"王有道回答。

"怎么知道的？"马先生望着他。

"$\frac{1}{4}$ 加上 $\frac{1}{10}$，就是 $\frac{7}{20}$。"王有道说。

"这是算出来的，不行。"马先生说。

这可把我们难住了。

马先生笑着说："人的事，往往如此，极容易的，常常使人发呆，感到不知怎样的困难。——1E 是甲一日所成就的，1F 是乙一日所成就的，把 1F 接在 1E 上，得 D 点，1D 不是两人合做一日所成就的吗？"

不错，从 D 点横着一看，正是 $\frac{7}{20}$。

"那么，试把 OD 连起来，并且延长到 C，和 OA、OB 相齐。两人合做二日成就多少？"马先生问。

"$\frac{14}{20}$。"我回答。

"就是 $\frac{7}{10}$。"周学敏加以修正。

"半斤自然是八两，现在我们倒不必管这个。"马先生说得周学敏有点难为情了，"几天可以成就？"

"3 天不到。"王有道说。

"为什么？"马先生问。

"从 C 看下来是 $2\frac{8}{10}$ 的样子。"王有道说。

"为什么从 C 看下来就是的呢？周学敏！"马先生指定他回答。我倒有点替他着急，然而出乎意料之外，他立刻回答道：

"平均的工作，每天的成就是一样的，所以做了若干天的成就和做一天的成就，只是'固定倍数'的关系，OC 线正表示这关系，C 点又在表示全

工作的横线上，所以 *OK* 便是所求的日数。"

"不错！讲得很明白！"马先生非常满意。周学敏进步得真快！下课以后，我不自觉地因为钦敬他的进步，便找他一块儿散步。边散步，边谈，没有几句话，就谈到算学上去了。他说，我这几天害的是"算学迷"，这样下去会成"算学疯子"的，不知道他是不是在和我开玩笑，不过这十来天，我对于算学一直感到丢不下，却是真的。我问他，为什么进步得这样快？他却不承认有什么大的进步，我便说：

"不是有好几次，你回答马先生的问话，都很清楚，就是马先生也很满意吗？"

"这不过是听了几次讲以后，我就找出马先生的法门来了。说来说去，不外三种关系：一、和一定；二、差一定；三、倍数一定。所以我就只从这三点上去想。"周学敏这样回答。我对于这回答非常高兴，但不免有点惭愧，为什么一样地听，我却不会抓住这法门呢？而且我也有点怀疑，"这法门一定灵吗？"我便这样问他，他想了想："这我不敢说。不过，过去都灵就是了，啥时候我们在课外去问问马先生。"

我真是个"算学迷"了，立刻就拉了他一同去。走到马先生的房里，他正躺在藤榻上冥想，手里拿着一把蒲扇，不停地摇。一见我们便笑着问道：

"有什么难题了，是不是？"

我看了周学敏一眼。周学敏说："听了先生这十来次的讲，觉得说来说去，总是'和一定''差一定''倍数一定'，是不是所有的问题都逃不出这三种关系呢？"

马先生想了一想："就问题的变化上说，自然是如此。"

这话我们不很明白，他似乎看出来了，接着说："比如说，两人年岁的差一定，这是从他们一生下来，一直活下去当中看出来的。又比如，走的路程和速度是固定倍数的关系，这也是从时间的连续中看出来的。所以说就问题的变化上说，逃不出这三种关系。"

"为什么逃不出？"我大胆地问了这么一个傻问题，心里有些忐忑。

"不是为什么逃不出，是我们不许他逃出。因为我们对于数量的处理，在算学中，只有加、减、乘、除四种方法。加法产生和，减法产生差，乘除法产生倍数。"

这我们才明白了。后来又听了马先生谈些别的问题，我们就退出来。因为上面的话更是理解算学的基本，所以我补插在这里。现在回到本题的算法上去，这是没有经马先生讲解之前，我们都明白了的。

$$1 \div \left( \frac{1}{4} + \frac{1}{10} \right) = 2\frac{6}{7}$$

$$\vdots \qquad\qquad \vdots \qquad \vdots \qquad\qquad \vdots$$

全工作　甲一日工作　乙一日工作　时间

马先生提示了一种特别解法，更是妙："真把工作当成行路一般地看待，那么，这问题便可看成甲从一端动身，乙从另一端动身，两人几时相遇一样。"

当然一样呀！我们不是可以把全部工作看成一块长布条，而甲、乙各从一端相向进行工作，如卷布一样吗？（见图49）

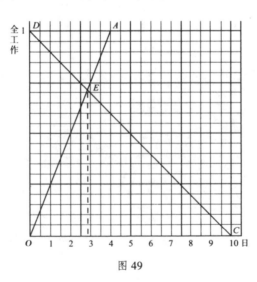

图 49

这一来，图解和算法更容易思索了。图中 $OA$ 是甲的工作线，$CD$ 是乙的，$OA$ 和 $CD$ 交于 $E$。从 $E$ 看下来仍是 $2\frac{1}{8}$ 多一点。

例二　一水槽装有进水管和出水管各一支，从进水管八小时可注满，从出水管十二小时可流尽，若两管同时打开，几小时可注满？

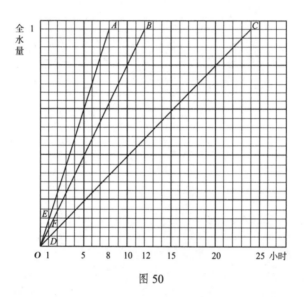

图 50

这题和例一的不同，就事实上一想便明白的，每小时槽里储蓄的水量，是两水管流水量的差。而例一作图时，将 $1F$ 接在 $1E$ 上得 $D$，$1D$ 表示甲、乙工作的和；这里自然要从 $1E$ 上截下 $1F$ 得 $1D$，表示两水管流水的差了。流水就是水管在工作呀！所以 $OA$ 是进水管的工作线，$OB$ 是出水管的工作线，$OC$ 便是它们俩的工作差，而表示固定倍数的关系。（见图 50）由 $C$ 点看下来得 24 小时，算法如下：

$$1 \div \left( \frac{1}{8} - \frac{1}{12} \right) = 24$$

　　⋮　　　⋮　　　⋮　　　　⋮
　全工作　进水　出水　　时间

当然，这题也可以有另一种解法：我们可以将"出水管""进水管"分别想象为一个人，"出水管"距离"进水管"之间有一个全路程，两人同时动身，"进水管"从后面追"出水管"，看要什么时候追上。$1A$ 是"出水管"的工作线，$OC$ 是"进水管"的工作线，它们相交于 $E$，横看正是 24 小时。

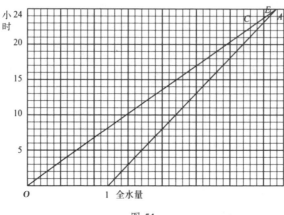

图 51

例三　甲、乙二人合做十五日完工，甲一人做工二十日完工，乙一人做工几日完工？

"这只是就例一类推的玩意儿，你们应当会做了。"马先生指定我来画图和解释。

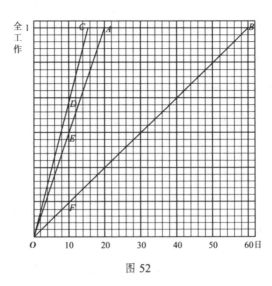

图 52

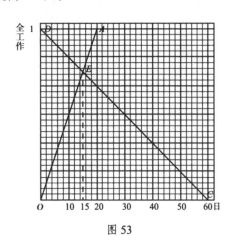

本来不过是例一的图中先有了 OA、OC 两条线而求画 OB 线，照前例，所取的 ED 应在 1 日的纵线上且应等于 1F。依 ED 取 10F 便可得 F 点。连 OF 延长便得 OB。在我画图的时候，本是照这样在 1 日的纵线上取 1F 的。但马先生说，那里距离太狭窄了，不易正确，因为 OA 和 OC 间的纵线距离和同一纵线上 OB 到横线的距离总是相等的，所以不妨在别地方去取 F。就图看去，在 10 这点，直上 OA、OC，相隔正是五小段，我就从 10 直上 5 小段取 F，连 OF 延长到与 C、A 相齐，竖看下来是 60。乙要做 60 日才完工。对于这样大的答数，我有点放心不下，好在马先生没有说什么，我就认为答对了。后来计算的结果，确实是要 60 日才做完。

$$1 \div \left( \frac{1}{15} - \frac{1}{20} \right) = 60$$

全工作　　合做　　单独做　　乙独做日数

本题如果用另外的解法，那就与这样的题意相同：

甲、乙二人由两地同时动身，相向而行，十五小时在途中相遇，甲走完全路需二十小时，乙走完全路需几小时？

所以，先作 OA 表示甲的工作，然后从十五时这点画纵线和 OA 交于 E 点，连 DE 延长到 C，便得 60 日。

图 53

例四 甲、乙二人合做完成一项工作，五日成就三分之一，其余由乙单独工作，十六日完工。甲、乙单独工作各需几日？

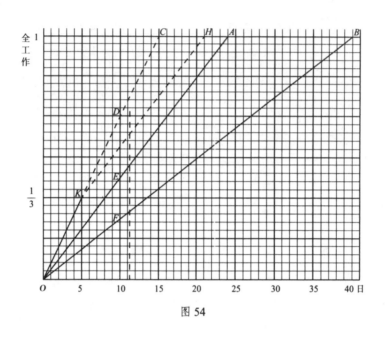

图 54

"这题难不难？"马先生写完了题，这样问。

"难者不会，会者不难。"周学敏很顽皮地回答。

"你是难者还是会者？"马先生跟着问周学敏。

"二人合做，5 日成就 $\frac{1}{3}$，5 日和工作 $\frac{1}{3}$ 的两条线交于 $K$，连 $OK$ 引长得 $OC$，这是两人合做的工作线，所以两人合做共需 15 日。"周学敏回答。

"最后一句是不必要的。"马先生加以纠正。

"从 5 日后 16 日共是 21 日，21 日这点的纵线和全工作这点的横线交于 $H$，连 $KH$，便是乙接着单独工作 16 日的工作线。"

"对的！"马先生很赞赏地说。

"过 $O$ 作 $OA$ 和 $KH$ 平行，这是乙一人独做全部工作的工作线。他 24 日完工。"周学敏说完，停住了。

"还有呢？"马先生催促他。

"在 10 日这点的纵线上量 $OC$ 和 $OA$ 的距离 $ED$，从 10 这点起量 $10F$ 等于 $ED$，得 $F$ 点。连 $OF$ 并且延长，得 $OB$，这是甲的工作线，他一人单独做需 40 日。"周学敏真是有了令人惊讶的进步，他的算学从来不及王有道的呀！

马先生夸奖他说："周学敏，你已经把握住解决问题的关键了。"

这题当然也可用其他解法做，不过和前面几题的大同小异，所以略去，至于算法，那就是：

$$1 \div \left( \frac{2}{3} \div 16 \right) = 24$$

⋮          ⋮              ⋮

全工作    乙独做的    乙独做全工的日数

$$1 \div \left( \frac{1}{5 \times 3} - \frac{1}{24} \right) = 40$$

⋮         ⋮         ⋮         ⋮

全工作    合做    乙做    甲独做全工的日数

例五　甲、乙、丙三人合做一工程，八日做完一半。由甲、乙二人继续，又是八日完成其余的 $\frac{3}{5}$。再由甲一人单独做工，十二日完工。甲、乙、丙单独完成，各需几日？

马先生写完了题时，王有道随口说："越来越复杂。"

马先生听了，含笑说道："应当说越来越简单呀！"

大家都不说话，题目明显复杂起来，马先生反说"应当说越来越简单"，岂非奇事？然而他的解说是："前面的几个例题的解法，如果都已彻底明了了，这个题，不就只是照抄老文章便可解决了吗？有什么复杂的呢？"

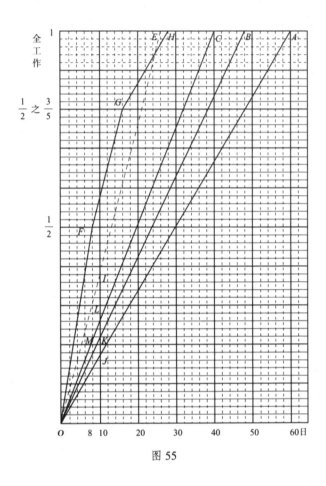

图 55

这自然是没错的，不过抄老文章罢了！

（1）先依照用 8 日完工一半这个条件画 OF，是三人合做 8 日的工作线；也是三人合做的工作线的方向。

（2）由 F 起，依八日完成剩余工作的 $\frac{3}{5}$ 这个条件，作 FG，这便表示甲、乙二人合做的工作线的"方向"。

（3）由 G 起，依照用去 12 日完工的条件，作 GH，这便表示甲一人单独完工的工作线的"方向"。

（4）过 O 作 OA 平行于 GH，得到甲一人单独完工的工作线，他要 60

日才完成。

（5）过 $O$ 作 $OE$ 平行于 $FG$，这是甲、乙二人合做的工作线。

（6）在 10 这点的纵线和 $OA$ 交于 $J$，和 $OE$ 交于 $I$。照 $10J$ 的长，由 $I$ 截下来得 $K$。连 $OK$ 并且延长得 $OB$，就是乙一人单独完工的工作线。他要 48 日完成全工。

（7）在 8 这点的纵线，和甲、乙合作的工作线 $OE$ 交于 $L$，和三人合做的工作线 $OF$ 交于 $F$。从 8 起在这纵线上截 $8M$ 等于 $LF$ 的长，得 $M$ 点。连 $OM$ 并且延长得 $OC$，便是丙一人单独完工的工作线。他 40 日就可完成全部工作了。

作图如此，算法也易于明白。

$$甲独做：1 \div \left[\left(\frac{1}{2} - \frac{3}{5} \times \frac{1}{2}\right) \div 12\right] = 60$$

全工作　残余一半　甲、乙合做的　　　日数

甲一人一日的工作

$$乙独做：1 \div \left(\frac{3}{5} \times \frac{1}{2} \div 8 - \frac{1}{60}\right) = 48$$

全工作　甲、乙合做一日　甲做一日　日数

$$丙独做：1 \div \left(\frac{1}{2} \div 8 - \frac{3}{5} \times \frac{1}{2} \div 8\right) = 40$$

全工作　三人合做一日　　甲乙合做一日　　日数

例六　一工程，甲、乙合做三分之八日完工，乙、丙合做三分之十六日完工，甲、丙合做五分之十六日完工，一人单独工作各几日完成？

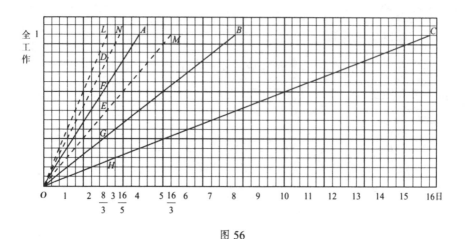

图 56

"这倒是真正地越来越复杂，老文章不好直接抄袭了。"马先生说。

"不管三七二十一，先把每二人合作的工作线画出来。"见没有人回答，马先生接着说。这自然是抄老文章，$OL$ 是甲、乙的工作线，$OM$ 是乙、丙的工作线，$ON$ 是甲、丙的工作线，马先生叫王有道在黑板上画了出来。他随手将在 $L$ 点的纵线和 $ON$、$OM$ 的交点涂了涂，写上 $D$ 和 $E$。

"$LD$ 表示什么？"

"乙、丙的工作差。"王有道答。

"好，那么从 $E$ 在这纵线上截去 $LD$ 得 $G$，$\dfrac{8}{3}$ 到 $G$ 是什么？"

"乙的工作。"周学敏答。

"所以，连 $OG$ 并且延长到 $B$，就是乙一人单独完工的工作线，他要 8 天完成。再从 $G$ 起，截去一个 $LD$ 得 $H$，$\dfrac{8}{3}$ 到 $H$ 是什么？"

"丙的工作。"我回答。

"连 $OH$，延长到 $C$，$OC$ 就是丙独自一人做的工作线，他完成全部工作要 16 天。"

"从 $D$ 起截去 $\dfrac{8}{3}$ $H$ 得 $F$，$\dfrac{8}{3}$ $F$ 不用说是甲的工作。连接 $OF$，延长得 $OA$，这是甲一人单独完工的工作线。他要几天才做完全部工程？"

"4 天。"大家很高兴地回答。

这题的算法是如此：

甲独做：$1 \div [(\frac{3}{8} + \frac{3}{16} + \frac{5}{16}) \div 2 - \frac{3}{16}] = 4$

                          ⋮      ⋮      ⋮               ⋮       ⋮

          甲、乙一日做：  甲、丙一日做             ⋮        ⋮

               乙、丙一日做          乙、丙一日做  日数

                     甲、乙、丙一日做

乙独做：$1 \div (\frac{3}{8} - \frac{1}{4}) = 8$

                    ⋮      ⋮      ⋮

       甲、乙一日做  甲一日做  日数

丙独做：$1 \div (\frac{5}{16} - \frac{1}{4}) = 16$

                    ⋮      ⋮      ⋮

       甲、丙一日做  甲一日做  日数

马先生总结道："这课到此为止。下次课想把四则运算问题做个总结束，就是将没有讲到的但还常见的题都讲个大概。你们也可提出感到困难的问题来。其实四则运算问题，这个概念本不大妥当，全部算术所用的方法除了加、减、乘、除还有什么？所以全部算术的问题，其实就是四则运算问题。"

## 12 归一法的问题

上次马先生已说过，这次把"四则运算问题"做一个结束，而且要我们提出觉得困难的问题来。昨天一整个下午，便消磨在搜寻问题上。我约了周学敏一同工作，发现有许多计算法，马先生都不曾讲到过，而在已讲过的方法中，也还遗漏了我觉得难解的问题，清算起来一共差不多二三十题，这些问题在课堂上应该怎样提出来呢？踌躇了半夜！

真奇怪！马先生好似已明白了我的心理，一走上讲台，便说："今天来结束所谓'四则运算'问题，先让你们把想要解决的问题都提出，我们再顺序讨论下去。"这自然是给我的一个尽量提出问题的机会了。我因为心里想提的问题太多，决心先让别人开口，后来再补充。结果有的说到归一法的问题，有的说到全部通过运算的问题……我所想到的问题已被提出了十分之八九，只剩了十分之一二。

因为问题太多，这次马先生费去的时间确实不少。从"归一法的问题"到"七零八落"这分节，是我自己的意见，为的是便于检查。

按照我们提问的顺序，马先生以归一法开始，逐一讲下去。

对于这归一法的问题，马先生提出一个原理。

"这类题，本来只是比例的问题，但也可以反转来说，比例的问题本来不过是四则运算问题。这是大家都知道的。王老大 30 岁，王老五 20 岁，我

们就说他们两弟兄年岁的比是三比二或二分之三。其实这和王老大有法币 10 元，王老五只有 2 元，我们就说王老大的法币是王老五的 5 倍一样。王老大的年岁是王老五的 $\frac{3}{2}$ 倍，和王老大同王老五的年岁的比是 $\frac{3}{2}$，正是半斤和八两，只不过外表不同罢了。"

"那么，归一法的问题当中，只是'倍数一定'的关系了？"我好像有了一个大发现似的问。自然，这是昨天得到了周学敏和马先生指示的结果。

"一点不错！既抓住了这个要点，我们就来解问题吧！"马先生说。

例一　工人 6 名，4 日吃米 1.2 斗，今有工人 10 名工作 10 日，吃了多少米？

要点虽已懂得，下手却仍困难。马先生写好了题，要我们画图时，大家都茫然了。以前的例题，每个都只含三个量，而且其中的一个量，总是由其他的两个依一定的关系产生的，所以是用横线和纵线各表一个，而依它们的关系画线，本题却有人数、日数、米数三个量，题目看去容易，实在真想不出解法，只好呆呆地望着马先生了。

马先生看见大家的呆相，禁不住笑了起来："从前有个先生给学生批改文章，因为这学生是个公子哥儿，批语要好看，但文章却作得太坏，他于是只好批四个字'六窍皆通'。这个学生非常得意，有同学却不服，跑去质问先生。他回答说，人是有七窍的呀，六窍皆通，便是'一窍不通'了。"

这一来惹得大家哄堂大笑，但马先生反而若无其事地继续说道："你们今天却真是'六窍皆通'的'一窍不通'了。要点既抓住，还有什么难呢？"

……仍是没有人回答。

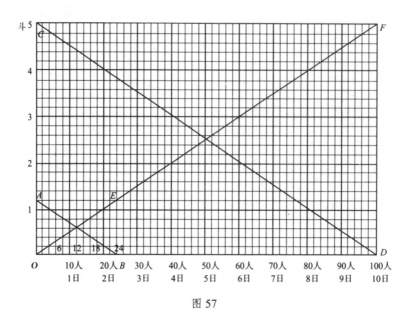

图 57

"我知道了，平常你们惯用横竖两条线，每一条表示一种量，现在碰上了三种量，这一窍却通不过来，是不是？其实拆穿西洋镜，一点儿不稀罕！题目上虽有三个量，何尝不可以只用两条线，而用其中一条兼两个意义呢？工人数是一个量，米数又是一个量，米是工人吃掉的。至于日数不过表示每人多吃几餐罢了。这么一想，比如用横线兼表人数和日数，每6人一段，取4段，不就行了吗？这一来纵线自然表示米数了。"

"由6人4日得 B 点。1.2斗在 A 点，连 AB 就得一条线。再由10人10日得 D 点，过 D 点画线平行于 AB，交纵线于 C。"

"吃了多少米？"马先生画出了图问。

"5斗！"大家高兴地争着回答。

马先生在图上6人4日那点的纵线和1.2斗那点的横线相交的地方，作了一个 E 点。又连 OE 延长到10人10日的纵线，写上一 F，又问：

"吃米多少？"

大家都笑了起来。原来一条线也就行了。

至于这题的算法，就是先求出一人一日吃多少米，所以叫作"归一法"。

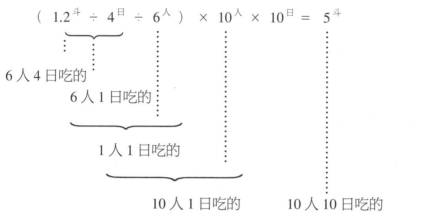

$$( 1.2^斗 \div 4^日 \div 6^人 ) \times 10^人 \times 10^日 = 5^斗$$

6 人 4 日吃的

6 人 1 日吃的

1 人 1 日吃的

10 人 1 日吃的　　　10 人 10 日吃的

例二　6 人 8 日可完成的工程，8 人几日可完成？

算学的困难在这里，它的有趣也在这里。这题，马先生仍是要我们画图，我们仍是"六窍皆通"！依样画葫芦，6 人 8 日的一条 OA 线，我们都能找到着落了。但另一条线呢！马先生！依然是靠着马先生！他叫我们随意另画一条 BC 横线——其实就纸上的横线用也就行了——两头和 OA 在同一纵线上，于是从 B 起，每 8 人一段截到 C 为止，共是 6 段，便是 6 天可以做成。

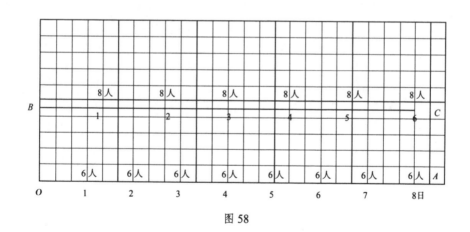

图 58

马先生说："这题倒不怪你们做不出，这个只是一种变通的做法，正规的画法留到讲比例时再说，因为这本是一个反比例的题目，和例一正比例的不同。所以就算法上说，也就明显相反。"

$$\underbrace{8 \times 6} \div 8 = 6^{日}$$

6人做　　　　8人做

## 13 截长补短

说得文气一点，就是平均算。这是我们很容易明白的，根本上只是一加一除的问题，我本来不曾想到提出这类问题。但既然有人提出，而且马先生也同样作了解答，姑且存一个例子在这里。

例　上等酒二斤，每斤三角五分；中等酒三斤，每斤三角；下等酒五斤，每斤二角。三种相混，每斤值多少？

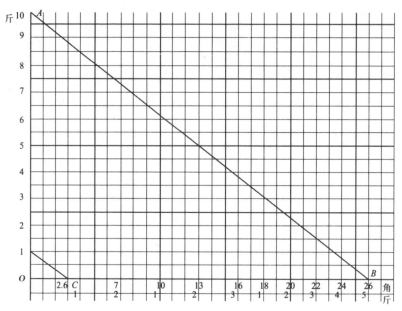

图 59

横线表示价钱，纵线表示斤数。

$AB$ 线指出 10 斤酒一共的价钱，过指示 1 斤的这一点，作 $1C$ 平行于 $AB$ 得 $C$，指示出 1 斤的价钱是 2.6 角。

至于算法，更是明白！

$$（3.5^{角} \times 2 + 3^{角} \times 3 + 2^{角} \times 5）\div（2 + 3 + 5）= 2.6^{角}$$

上酒　　中酒　　下酒　　　　　　总斤数

总价

14 还原算

"因为 3 加 5 得 8，所以 8 减去 5 剩 3，而 8 减去 3 剩 5。又因为 3 乘 5 得 15，所以 3 除 15 得 5，5 除 15 得 3。这是小学生都知道的。说得神气活现些，那便是，加减法互相还原，乘除法也互相还原，这就是还原算的靠山。"马先生这样提出要点来以后，就写下面的例题。

例一　某数除以 2，从它的商减去 5，再 3 倍，更加上 8，则得 20，求这个数。

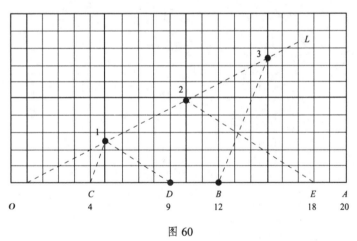

图 60

马先生说："这只要一条线就够了，至于画法，正和算法一样，不过是'倒行逆施'。"

自然，我们已能够想出来了。

（1）取 OA 表 20。

（2）从 A "反" 向截去 8 得 B。

（3）过 O 任画一直线 OL。从 O 起，在上面连续取相等的 3 段得 01、12、23。

（4）连 3B，又作 1C 平行于 3B。

（5）从 C 起 "顺" 向加上 5 得 OD。

（6）连 1D，又作 2E 平行于 1D，得 E 点，它指示的是 18。

这情形和计算时完全相同。

$$[（20 - 8）\div 3 + 5] \times 2 = 18$$

OA

OB

OC

OD

OE

例二　某人有桃子若干个，将一半桃子加上 1 个给甲，将剩下的桃子的一半并加上 2 个给乙，还剩 3 个，求原有桃数。

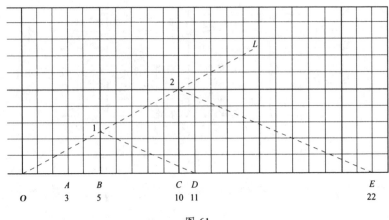

图 61

这和前题本质上没有两样，所以只将作图法和算法相对应地写出来：

[（3 + 2）×2 + 1 ] ×2 = 22

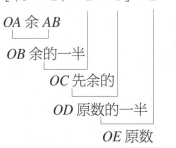

OA 余 AB

OB 余的一半

OC 先余的

OD 原数的一半

OE 原数

# 15 五个指头四个叉

回答栽植计算的问题，马先生就只说"五个指头四个叉"，你们去想吧！其实呢，马先生也这样说："杀鸡用不到牛刀，这类题，只要照题意画一幅草图就可明白，不必像前面一般大动干戈了！"

**例一** 在 60 丈长的路上，从头到末，每隔 2 丈种树一株，共种多少？

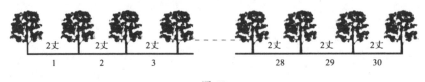

图 62

$60 \div 2 + 1 = 31$

**例二** 在 10 丈长的池周，每隔 2 丈立一根柱子，共有几根柱子？

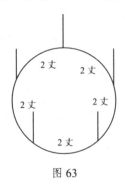

图 63

$10 \div 2 = 5$

例二的路是首尾相接的，所以开始的一根柱子，也就是最末的一根。

例三　12 尺长的梯子，每段都相隔 1.2 尺，要用几根横木？（两端用不到横木。）

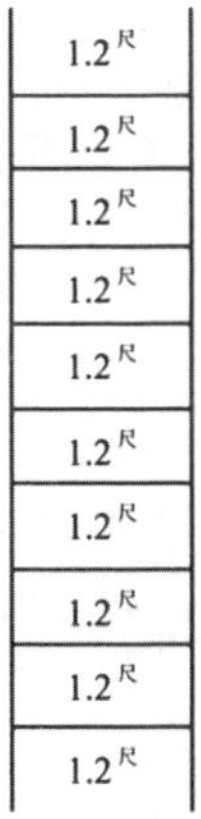

| |
|---|
| 1.2<sup>尺</sup> |
| 1.2<sup>尺</sup> |
| 1.2<sup>尺</sup> |
| 1.2<sup>尺</sup> |
| 1.2<sup>尺</sup> |
| 1.2<sup>尺</sup> |
| 1.2<sup>尺</sup> |
| 1.2<sup>尺</sup> |
| 1.2<sup>尺</sup> |
| 1.2<sup>尺</sup> |

图 64

$12 \div 1.2 - 1 = 9$

## 16 排方阵

这类题，也是可依照题意，画图来实际观察的。马先生说为了彻底地明白它的要点，各人先画一幅图来观察下面的各项：

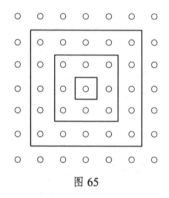

图 65

（1）外层每边多少人？（7）

（2）总数多少人？（7×7）

（3）从外向里第二层每边多少人？（5）

（4）从外向里第三层每边多少人？（3）

（5）中央多少人？（1）

（6）每相邻的两层每边依次少多少人？（2）

"这些就是方阵的秘诀。"马先生含笑说。

例一　三层中空方层，外层每边十一人，共有多少人？

除了上面的秘诀，马先生又说："这正用得着兵书上的话，'虚者实之，实者虚之'了。"

"先来'虚者实之'，看共有多少人？"马先生问。

"11 乘 11，121 人。"周学敏回答。

"好！那么，再来'实者虚之'。外面三层，里面剩的顶外层是全方阵的第几层？"

"第四层。"也是周学敏回答。

"第四层每边是多少人？"

"第二层少 2 人，第三层少 4 人，第四层少 6 人，是 5 人。"王有道说。

"计算各层每边的人数，有一定的法则吗？"

"二层少一个 2 人，三层少两个 2 人，四层少三个 2 人，所以从外层数起的，第某层每边的人数是：

"外层每边的人数 − 2 人 ×（层数 − 1）

"本题照实心的算，除去外边的三层，还有多少人？"

"五五二十五。"我回答。

这样一来，谁也会算了。

$$11 \times 11 - [11 - 2 \times (4-1)] \times [11 - 2 \times (4-1)] = 121 - 25 = 96$$

$\underset{\text{实阵人数}}{\vdots}$　　　　$\underset{\text{中心方阵人数}}{\vdots}$　　　　$\underset{\text{实际人数}}{\vdots}$

例二　兵一队，排成方阵，多 49 人，若纵横各加一行，又差 38 人，原有兵多少？

图 66

马先生首先提出这样一个问题：

"纵横各加一行，照原来外层每边的人数说，应当加多少人？"

"两倍于外层的人数。"某君回答。

"你这是空想的，不是实际观察得来的。"马先生批评说。

对于这批评，某君不服气，他用铅笔在纸上画图来看，才明白了"还需加上一个人"。

"本题，每边加一行共加多少人上去？"马先生问。

"原来多的 49 人加上后来差的 38 人，共 87 人。"周学敏说。

"那么，原来的方阵外层每边几个人？"

"87 减去 1——角落上的，再减去一半，得 43 人。"周学敏说。

马先生指定我将式子列出，我于是到黑板前写，还好，没有错。

$[(49+38-1)÷2]×[(49+38-1)÷2]+49=1898$

例三　1296 人排成 12 层的中空方阵，外层每边有几人？

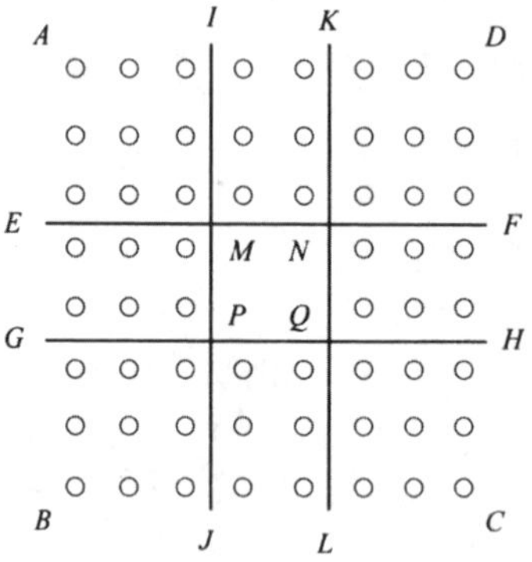

图 67

观察！观察！马先生又指导我们观察了！所要观察的是，每边各层都照外层的人数算，是怎么一回事？

明明白白的，*AEFD*、*BCHG*，横看每排的人数都和外层每边的人数相同。换句话说，总共的人数，便是层数乘外层每边的人数。而从竖直方向看，

*ABJI* 和 *CDKL* 也是一样。这和本题有什么关系呢？我想了许久，看了又看，还是觉得莫名其妙！

后来，马先生才问："照这种情形，我们算出总共的人数是四个 *AEFD* 的人数，行不行？"自然不行，算了两个 *AEFD*，只剩两个 *EGPM* 了。所以若要算成四个，必须加上四个 *AEMI* 去，这是大家讨论的结果。至于 *AEMI* 的人数，就是层数乘层数。这样一来，算法也就明白了。

（1296 + 12×12×4）÷4÷12 = 39……外层每边人数。

　　⋮　　　　　　⋮　　　　⋮

原人数 □*AEMI* 人数　　层数

　　　　□*AEFD* 人数

例四　有兵一队，正好排成方阵。后来减少 12 排，每排正好添上 30 人；这队兵是多少人？

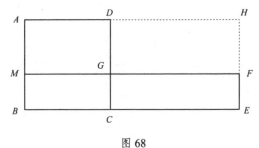

图 68

越来越糟，我简直是坠入迷魂阵了！

马先生在黑板上画出这一幅图来，便一句话也不说，只是静悄悄地看着我们。自然！这是让我们自己思索的表示，但是从哪儿下手呢？

看了又看，想了又想，我只得到了这几点：

（1）*ABCD* 是原来的人数。

（2）*MBEF* 也是原来的人数。

（3）*AMGD* 是原来 12 排的人数。

（4）*GCEF* 也是原来 12 排的人数。还可以看成是 30 乘以"原来每排人数减去 12"的人数。

（5）*DGFH* 的人数是 12 乘 30。

完了，我所能想到的，就只有这几点，但是它们有什么关系呢？

无论怎样我也想不出什么了！

我佩服周学敏，他在我苦思不得其解的时候，已算了出来。马先生就叫他讲给我们听。最初他所讲的，原只是我已经想到的五点。接着他又说了以下几点：

（6）因为 *AMGD* 和 *GCEF* 的人数是一样，所以各加上 *DGFH*，人数也是一样，就是 *AMFH* 和 *DCEH* 的人数相等。

（7）*AMFH* 的人数是"原来每排人数加 30"的 12 倍，也就是原来每排的人数的 12 倍加上 12 乘 30 人。

（8）*DCEH* 的人数却是 30 乘原来每排的人数，也就是原来每排人数的 30 倍。

（9）可见，原来每排人数的 30 倍与它的 12 倍相差的是 12 乘 30 人。

（10）所以，原来每排人数是 $30 \times 12 \div (30 - 12)$，而总共的人数是：

$$[30 \times 12 \div (30 - 12)] \times [30 \times 12 \div (30 - 12)] = 400$$

可不是吗？ 400 人排成方阵，恰好每排 20 人，一共 20 排，减少 12 排，便只剩 8 排，而减去的人数一共是 240，平均添在 8 排上，每排正好加 30 人。为什么他会转这么一个弯子，我却不会呢？

我真是又羡慕，又嫉妒啊！

## 17 全部通过

　　一位同学在课堂上问到关于"车身全部通过"这类题的解法。学生能提出这样的问题，马先生感到很惊讶，他说：

　　"这不过是关于行程的问题，对于这一类问题，只要注意一个要点就行了。从前，学校开运动会的时候，有一种运动，叫作什么障碍物竞走，比现在的跳栏要费事得多；除了跳一两次栏，还有撑竿跳高、跳小水沟、钻圈、钻桶等等。钻桶，便是全部通过。桶的大小只能容一个人直着身子爬过，桶的长短却比一个人长一点。我且问你们，一个人，从他的头进桶口起，到全身爬出桶为止，他爬过的距离是多少？"

　　"桶长加身长。"周学敏回答。

　　"好！"马先生很果断地说，"这就是'全部通过'这类题的要点。"

　　**例一**　长六十丈的火车，每秒行驶六十六丈，经过长四百零二丈的桥，从车头进桥，到车尾出桥，需要多少时间？

　　马先生将题写出后，便一边画图，一边讲解：

　　"用横线表示距离，$AB$ 是桥长，$BC$ 是车长，$AC$ 就是全部通过所需走的路。"

　　"用纵线表示时间。

　　"照 1 和 66 '固定倍数'的关系画 $AD$，从 $D$ 横看过去，得 7，就是要走 7 秒钟。"

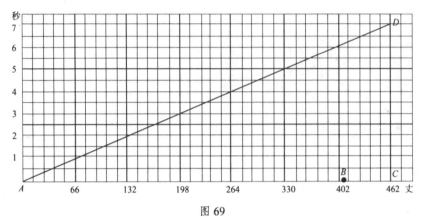

图 69

算法如下：

$$(420^{丈} + 60^{丈}) \div 66^{丈/秒} = 7^{秒}$$

    ⋮    ⋮    ⋮    ⋮

    $AB$    $BC$    ⋮    ⋮

    ⋮    ⋮    ⋮    ⋮

  桥长  车长    速度 时间

    **例二**  长四十尺的列车，全部通过二百尺的桥，耗时 4 秒，列车的速度是多少？

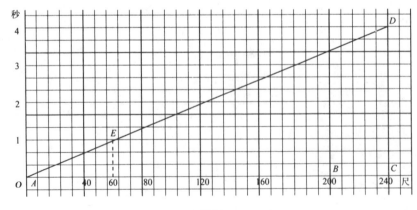

图 70

用前一个例题做样本，我们知道，这只是告诉距离和时间，求速度的问题。它的算法，我也明白了：

$$(200^{尺} + 40^{尺}) \div 4^{秒} = 60^{尺/秒}$$

⋮　　　⋮　　　⋮　　　⋮

$AB$　　$BC$　　⋮　　　⋮

⋮　　　⋮　　　⋮　　　⋮

桥长　车长　时间　每秒的速度

画图的方法，第一、二步全是相同的，不过第三步是连 $AD$ 得交点 $E$，由 $E$ 点直看下来，得 60 尺，便是列车每秒的速度。

例三　有人见一列车驶入二百四十尺长的山洞。车头入洞后八秒，车身全部入内，共经二十秒钟，车完全出洞，求车的速度和车长。

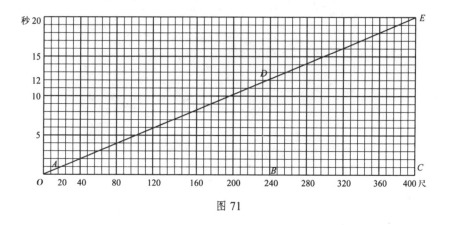

图 71

这题，最初我也想不透，但一经马先生提示，便恍然大悟了。

"列车全部入洞要 8 秒钟，不用说，从车头出洞到全部出洞也是要 8 秒钟了。"

明白这一个关键，画图真易如反掌啊！先以 $AB$ 表示洞长，20 秒钟减去 8 秒，正是 12 秒，这就是车头从入洞到出洞所经过的时间，因此得 $D$ 点，连 $AD$，就是列车的进行线。——延长到 20 秒钟那点得 $E$。由此可知，列车每秒钟行 20 尺，车长 $BC$ 是 160 尺。

算法是这样：

$240^尺 ÷ ( 20^秒 - 8^秒 ) = 20^{尺/秒}$……列车的速度。

$20^尺 × 8 = 160^尺$……列车的长。

例四　$A$、$B$ 两列车，$A$ 长九十二尺，$B$ 长八十四尺，相向而行，从相遇到相离，经过二秒钟，若 $B$ 车追 $A$ 车，从追上到超过，经八秒钟，求各车的速度。

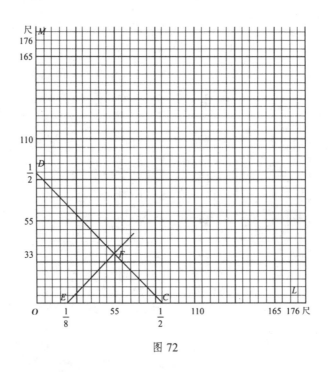

图 72

由马先生指定，周学敏将这问题解释如下：

"第一，依'全部通过'的要点，两车所行的距离，总是两车长的和，因而得 $OL$ 和 $OM$。

"第二，两车相向而行，每秒钟共经过的距离是它们速度的和。因两车两秒钟相离，所以这速度的和等于两车长的和的 $\dfrac{1}{2}$，所以用 $CD$ 表示'和一定'的线。

"第三，两车同向相追，每秒钟所追上的距离是它们速度的差。因用了8秒钟追过，所以这速度的差等于两车长之和的$\frac{1}{8}$，所以用 $EF$ 表示'差一定'的线。

"从 $F$ 竖向看，得55尺，是 $B$ 每秒钟的速度；横向看得33尺，是 $A$ 每秒钟的速度。"

经过这样的说明，算法自然容易明白了：

$$[\,(92^{尺}+84^{尺})\div 2 + (92^{尺}+84^{尺})\div 8\,]\div 2 = 55^{尺/秒}$$

$$\vdots$$
距离
$$\underbrace{\qquad\qquad}_{速度和}\quad\underbrace{\qquad\qquad}_{速度差}\qquad\underset{B\,的速度}{\vdots}$$

$$[\,(92^{尺}+84^{尺})\div 2 - (92^{尺}+84^{尺})\div 8\,]\div 2 = 33^{尺/秒}$$

$$\underset{A\,的速度}{\vdots}$$

## 18 七零八落

学习完了关于四则运算的几大类习题后，又有同学问到了下述三个各不相同的问题：

例一　有人从日出至午前，十时行十九里一百二十五丈，从日落至午后九时，行七里一百四十丈，白昼的时间有多长？

素来不皱眉头的马先生，听到这题时却皱眉头了。——这题真难吗？

"眉头一皱，计上心来"，马先生解释道："这题的数目太啰唆，什么里咧、丈咧，'纸上谈兵'，真有点烦琐。我来把题目改一下吧！——有人从日出至午前 10 时走了 10 里，从日落至午后 9 时走了 4 里，白昼的时间长度是多少？

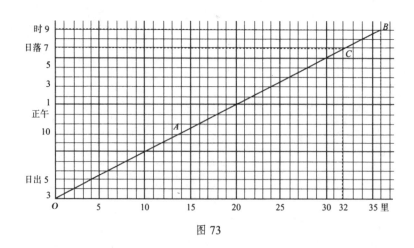

图 73

"这个题的要点，便是照习惯说的'从日出到正午，以及从正午到日落，时间相等'。因此，用纵线表时间，我们不妨画18小时，从午前3时到午后9时，那么，正午前后都是9小时。既是从正午到日出、日落的时间一样，我们就可以设想这人是从午前3时走到午前10时，共走14里，所以得到表示行程的 *OA* 线。"

这自然很明白了，将 *OA* 延长到 *B*，所指示的就是，假如这人从午前3时一直走到午后9时，便是18小时共走36里。他的速度，由 *AB* 线所表的"固定倍数"的关系，就可知是每小时2里了。(这是题外话)

"午后9时走到36里，从日落到午后9时走的是4里，回到32里的地方，往上看，得 *C* 点，横看，得午后7时，可知日落是在午后7时，离正午7小时，所以昼长是14小时。"

由此也就得出了计算法：

$$（10^{里} + 4^{里}）÷（9 - 2）^{小时} = 2^{里/小时}……每小时的速度。$$

$$\vdots \qquad \vdots$$

正午到午后9　午前10时到正

时的小时数　　午的小时数

$$4^{里} ÷ 2^{里/小时} = 2^{小时}……日落到午后九时的小时数。$$

$$（9 - 2）^{小时} × 2 = 14^{小时}$$

$$\vdots \qquad\qquad \vdots$$

正午到日落的小时数　　昼长

依样画葫芦，本题的计算如下：

9 - 2……从午前三时到十时的小时数。

$$（19^{里}125^{丈} + 7^{里}140^{丈}）÷（9 - 2）^{小时} = 3^{里}145^{丈/小时}……每小时的速度。$$

$$7^{里}140^{丈} ÷ 3^{里}145^{丈} = 2^{小时}……从日落到午后九时的小时数。$$

$$（9 - 2）^{小时} × 2 = 14^{小时}……昼长。$$

例二　有甲、乙两位旅客，乘三等火车，所带行李共二百斤，除了二人在三等车上的行李不用付运费的重量外，甲应付超重费一元八角，乙应付一元。若把行李分给一人，则超重费为三元四角。三等车每人所带行李不能超过多少斤？

我居然也找到了这题的要点，3 元 4 角比 1 元 8 角加上 1 元的和所多出来的，便是不超重的行李变成超重的行李，应当加上的超重费。但图还是由王有道画出来的，马先生对于这题没有发表什么意见。

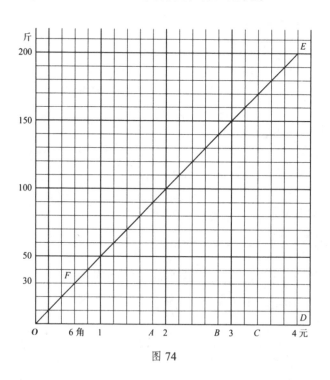

图 74

用横线表钱数，3 元 4 角（$OC$）去了 1 元 8 角（$OA$），又去了 1 元（$AB$），只剩 6 角（$BC$），将这剩的加到 3 元 4 角上去便得 4 元（$OD$）。

这就表明若 200 斤行李都超重，便要超重费 4 元，因得 $OE$ 线。往 6 角的一点向上看，得 $F$，再横看得 30 斤，就是所求的重量。

$$( 34^{角} - 18^{角} - 10^{角} ) \div [ ( 34^{角} + 34^{角} - 18^{角} - 10^{角} ) \div 200^{斤} ] = 30^{斤}\cdots\cdots$$

所求的斤数。

例三　有一个两位数，其十位数字与个位数字交换位置后，与原数的和为一百四十三，而原数减去新数后的差则为二十七。求原数。

"用这个题来结束所谓四则运算问题，倒很好！"马先生在疲劳中显着兴奋，"我们且暂时丢开了本题，来观察一下两位数的性质。这也可以勉强算是一个科学方法的小演习，同时也是寻求解决问题——算学的问题自然也在内——的门槛。"说完了他就写出了下面两行：

| 原数 | 12 | 23 | 34 | 47 | 56 |
|---|---|---|---|---|---|
| 倒转数 | 21 | 32 | 43 | 74 | 65 |

"现在我们来观察，或者说做实验也无妨。"马先生说。

"原数和倒转数的和是多少？"

"33，55，77，121，121。"

"在这几个数中间你们看得出什么关系吗？"

"都是 11 的倍数。"

"我们能不能说，凡是二位数同它的倒转数的和，都是 11 的倍数？"

"……"没有人回答。

"再来看各是 11 的几倍？"

"3 倍，5 倍，7 倍，11 倍，11 倍。"

"这各个倍数和原数有什么关系没有？"

我们大家静静地看了一阵，四五个人一同回答：

"原数数字的和是 3、5、7、11、11。"

"你们能找出其中的理由来吗？"

"12 是由几个 1、几个 2 合成的？"

"10 个 1，1 个 2。"王有道回答。

"它的倒转数呢？"

"1 个 1，10 个 2。"周学敏说。

"那么，它俩的和中有几个 1 加上几个 2 ？"

"11 个 1 和 11 个 2。"我也明白了。

"11 个 1 加 11 个 2，共有几个 11 ？"

"3 个。"许多人回答。

"我们可以说，凡是二位数加它的倒转数的和，都是 11 的倍数吗？"

"可——以——"我们真快活极了。

"我们可以说，凡是二位数加上它的倒转数的和，都是它的各位数字和的 11 倍吗？"

"当然可以！"一齐回答。

"这是这类问题的一个要点，还有一个要点，是从差方面看出来的。你们自己去'发明'吧！"

只要按部就班，我们很容易地得到了解答。

"凡是二位数与它的倒转数的差，都是它的两数字差的九倍。"

有了这两个要点，本题就迎刃而解了！

$$[(143 \div 11) + (27 \div 9)] \div 2 = 8\cdots\cdots$$ 大数字。

$$\qquad\qquad\vdots\qquad\qquad\vdots$$

$$\quad\text{两数字和}\quad\text{两数字差}$$

$$[(143 \div 11) - (27 \div 9)] \div 2 = 5\cdots\cdots$$ 小数字。

因为题上说的是原数减其倒转数，原数中的十位数字应当大一些，所以原数是 85。

85 加五 58 得 143，而 85 减去 58 正是 27，真是巧啊！

# 19 韩信点兵

昨天马先生结束了四则运算问题以后，曾经叫我们复习关于质数、最大公约数和最小公倍数的问题。夜晚很好，天气不十分热，我取了《开明算术教本》上册，阅读关于这些事项的第七章。从前学习它的时候，是否感到困难，印象已很模糊了；现在要说"一点儿困难没有"，我不敢这样自信。不过，和从前遇见四则运算问题那样"丈二和尚"摸不着头脑相比，现在的理解能力有了很大提升。也许其中的难点，我不曾发觉吧！怀着这样的心情，今天，到课堂去听马先生的讲解。

"我叫你们复习的，都复习过了吗？"马先生一走上讲台就问。

"复习过了！"两三个人齐声回答。

"那么，有什么问题？"

各人都瞪起双眼，望着马先生，却没有一个问题提出来。马先生默默地看了看全班学生，说道：

"学算学的人，对这一部分多半不会感到什么困难的，大约你们也不会有什么问题了。"

我不曾发觉什么困难，照这样说，自然是这部分材料比较容易的缘故。心里这么一想，就期待着马先生的下文。

"既然大家都没有问题，我且提出一个问题来问你们：这部分内容，我们也用得着画图来处理它吗？"

"那似乎可以不必了！"周学敏回答。

"似乎？可以就可以，不必就不必，何必似乎！"马先生笑着说。

"不必！"周学敏斩钉截铁地说。

"问题不在必和不必。既有了这样一种法门，正可拿它来试试，看变得出什么花样来，不是也很有趣吗？"马先生说完，停了一停，继续问，"这一部分内容，是些什么？"

当然，这是谁也答得上来的，大家抢着说：

"找质数。"

"分质因数。"

"求最大公约数和最小公倍数。"

"归根结底，不过是判定质数和计算倍数同约数，这只是一种关系的两面。12是6，4，3，2的倍数，反过来看，6，4，3，2便是12的约数了。"马先生这样结束了大家的话题，转而说：

"闲话少说，书归正传。你们将横线每一大段当1表示倍数，纵线每一小段当1表示数目，画出表示2的倍数和3的倍数的两条线。"

这只是"固定倍数"的问题，已没有一个人不会画了。马先生在黑板上也画了一个图——图75。

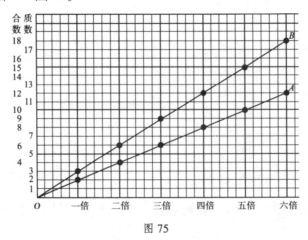

图75

"由这张图，可以看出些什么来？"马先生问。

"2 的倍数是 2，4，6，8，10，12。"我答。

"3 的倍数是 3，6，9，12，15，18。"周学敏答。

"还有呢？"

"5，7，11，13，17 都是质数。"王有道答。

"怎样看出来的？"

这几个数都是质数，我原来知道，但由图上怎样看出来，我确实说不上来。马先生的这一追问，真是"实获我心"了。

"OA 和 OB 两条线都没有经过它们，所以它们既不是 2 的倍数，也不是 3 的倍数……"王有道说到这里，突然停住了。

"怎样？"马先生问道。

"它们总是质数呀！"王有道很不自然地说。这一来大家都已感觉到，这里面一定有了漏洞，王有道大约已明白了。大家一齐笑起来。我也跟着笑了，不过我不曾将这漏洞察觉到。

"这没有什么可笑。"马先生很郑重地说，"王有道，你回答的时候，也有点儿迟疑了，为什么呢？"

"由图上看来，它们都不是 2 和 3 的倍数，而且我知道它们都是质数，所以我那样说。但突然想到，25 既不是 2 和 3 的倍数，也不是质数，便疑惑起来了。"王有道这么一解释，我才恍然大悟——漏洞原来在这里。

马先生露出很满意的神气，接着说："其实这个判断是对的，不过欠精密一点，你是上了图的当。假如图还画得详细些，你就不会这样说了。"

马先生叫我们另画一个较详细的图——图 76，将表示 2，3，5，7，11，13，17，19，23，29，31，37，41，43，47 各倍数的线都画出来。（这里的图，右边截去了一部分。）不用说，这些数都是质数，根据图 76，50 以内的合数当然很明白地可以看出来。不过，我很有点儿怀疑——马先生原来是要我们从图上找质数，既然把表示质数的倍数的线都画了出来，还用得着找什么质数呢？

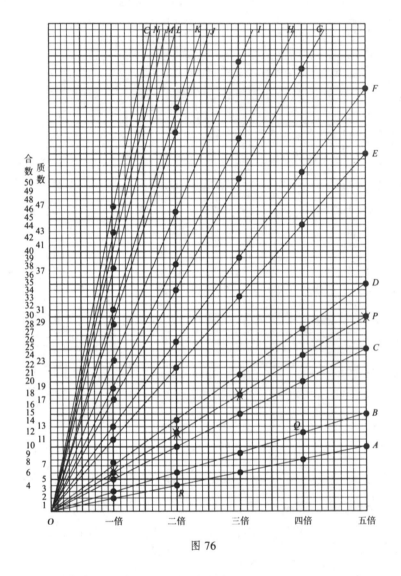

图 76

马先生还叫大家画一条表示 6 的倍数的线——OP。他说："根据这张图，你们当然不会再说，不是 2 和 3 的倍数的，便是质数了。你们再用表示 6 的倍数的一条线 OP 做标准，仔细看一看。"

经过十来分钟的观察，我发现了：

"质数都和 6 的倍数相差 1。"

"不错,"马先生说,"但是应该补充一句——除了 2 和 3。"这确实是我不曾注意到的。

"为什么 5 以上的质数都和 6 的倍数相差 1 呢?"周学敏提出了这样一个问题。

马先生叫我们回答,但没有人答得上来,他说:"这只是事实问题,不是为什么的问题。换句话说,整数的性质本来如此,并没有为什么。"对于这个解释,大家都好像有点莫名其妙,没有一个人说话。

马先生接着说:"一点也不稀罕!你们想一想,随便一个数,用 6 去除,结果怎样?"

"有的除得尽,有的除不尽。"周学敏说。

"除得尽的就是 6 的倍数,当然不是质数。除不尽的呢?"

没有人回答,我也想到有的是质数,如 23;有的不是质数,如 25。马先生见没有人回答,便这样说:

"你们想想看,一个数,用 6 去除,若除不尽,它的余数是什么?"

"1,例如 7。"周学敏说。

"5,例如 17。"另一个同学说。

"2,例如 14。"又一个同学回答。

"4,例如 10。"另外两个同学同时说。

"3,例如 21。"我也想到了。

"没有了。"王有道来一个结束。

"很好!"马先生说,"用 6 除剩 2 的数,有什么数可把它除得尽吗?"

"2。"我想它用 6 除了剩 2,当然是个偶数,可用 2 除得尽。

"那么,除了剩 4 的呢?"

"一样!"我很高兴地说。

"除了剩 3 的呢?"

"3！"周学敏很快地回答。

"用 6 除了剩 1 或 5 的呢？"

这我也明白了，5 以上的质数既不能用 2 和 3 除得尽，当然也不能用 6 除得尽。用 6 去除不是剩 1 便是剩 5，都和 6 的倍数差 1。

不过马先生另外又提出一个问题："5 以上的质数都和 6 的倍数相差 1，掉转头来，可不可以这样说呢？和 6 的倍数相差 1 的都是质数？"

"不！"王有道说，"例如 25 是 6 的 4 倍多 1，35 是 6 的 6 倍少 1，都不是质数。"

"这就对了！"马先生说，"所以你刚才用不是 2 和 3 的倍数来判定一个数是质数，是不精确的。"

"马先生！"我的疑问始终没能解决，趁他没有说下去，我便问，"由作图的方法，怎样可以判定一个数是不是质数呢？"

"这是应当有的问题，刚才，画的线都是表示质数的倍数的，你们会想到，这不能用来判定质数。但如果从画图的过程看，就可明白了。首先画的是表示 2 的倍数的线 OA，根据它你们是否可以看出哪些数不是质数？"

"4，6，8……一切的偶数。"我答道。

"接着画表示 3 的倍数的线 OB 呢？"

"6，9，12……"一个同学说。

"4 既然不是质数，上面一个是 5，第三就画表示 5 的倍数的线 OC。这一来又得出它的倍数 10，15 等等。再依次推上去，6 已是合数，所以只好画表示 7 的倍数的线 OD。接着，8，9，10 都是合数，只好画表示 11 的倍数的线 OE。照这样做下去，把合数渐渐地淘汰了，所画的线表示的是不是全都是质数的倍数呢？——这个图，我们不妨叫它质数图。"

"我还是不明白，用这张质数图怎样判定一个数是否是质数？"我跟着发问。

"这真叫作百尺竿头，只差一步了！"马先生很诚恳地说，"你试举一个合数同着一个质数出来。"

"15 和 37。"

"从 15 横着看过去，有些什么数的倍数？"

"3 的和 5 的。"

"从 37 横着看过去呢？"

"没有！"我已明白了。在质数图上，由一个数横看过去，若有别的数的倍数，它自然是合数，一个也没有的时候，它就是质数。不只这样，例如 15，还可知道它的质因数是 3 和 5。最简单的，6 含的质因数是 2 和 3。马先生还说，用这个质数图来把一个合数分成质因数，也是容易的。这法则是如此：

例一　将 35 分成质因数的积。

由 35 横看到 $D$，得知它的质因数有一个是 7，往下看是 5，它已是质数，所以

$35 = 7 \times 5$

本来，若是这图的右边没有截去，7 和 5 都可由图上直接看出来的。

例二　将 12 分成质因数的积。

由 12 横看得 $Q$，表示 3 的 4 倍。4 还是合数，由 4 横看得 $R$，表示 2 的 2 倍，2 已是质数，所以

$12 = 3 \times 2 \times 2 = 3 \times 2^2$

关于质数图的作法，以及如何用它来判定一个数是否是质数，如何用它来将一个合数分解成质因数的积，我们都已明白了。马先生提出求最大公约数的问题。前面所说过的内容既然已经领会，这问题自然是迎刃而解的了。

例三　求 12、18 和 24 的最大公约数。

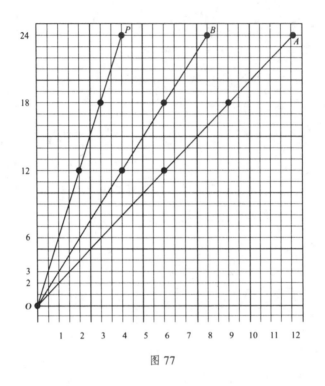

图 77

从质数图上，如图 77，我们可以看出 24，18 和 12 都有约数 2，3 和 6。它们都是 24，18，12 的公约数，而 6 就是所求的最大公约数。

"假如不用质数图，怎样由画图法找出这最大公约数？"马先生问王有道。

王有道一面思索，一面用手指画来画去，并这样回答："把最小一个数以下的质数找出来，再画出表示这些质数的倍数的线。由这些线上，就可看出各数所含的公共质因数。它们的乘积，就是所求的最大公约数。"

例四　求 6，10 和 15 的最小公倍数。

依照前面各题的解法，本题是再容易不过了。OA、OB、OC 相应地各表示 6，10 和 15 的倍数。A、B 和 C 同在 30 的一条横线上，30 便是所求的最小公倍数。

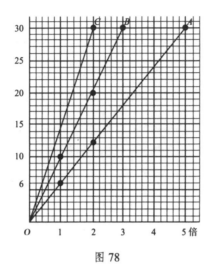

图 78

例五　有一个数，三个三个地数，剩一个；五个五个地数，剩两个；七个七个地数，也剩一个。求这个数。

马先生写好了这个题，叫我们讨论画图的方法。自然，这不是很难的，经过一番讨论，我们就画出图 79 来。*1A*、*2B*、*1C* 各线分别表示 3 的倍数多 1，5 的倍数多 2，7 的倍数多 1 来。而这三条线都经过 22 的线上，22 即所求的数。——马先生说，这是最小的一个，加上 3，5，7 的公倍数，都合题。——不是吗？22 正是 3 的 7 倍多 1，5 的 4 倍多 2，7 的 3 倍多 1。

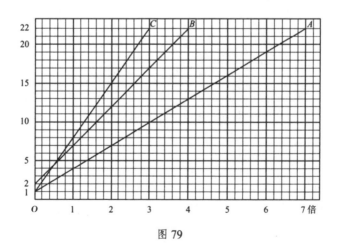

图 79

"你们由画图的方法，总算把答案求出来了，但是用什么算法呢？"马先生这一问，却把我们难住了。最先有的人说是求它们的最小公倍数，这当然不对，3，5，7 的最小公倍数是 105 呀。后来又有人说，从它们的最小公倍数中减去 3，除所余的 1，也有人说减去 5，除所余的 2，自然都不是。从图上仔细去看，也毫无结果。终于只好求教马先生了。

他见大家都束手无策，便开口道："这本来是咱们中国的一个老题目，它还有一个别致的名称，叫韩信点兵，它的算法，是一首诗：

三人同行七十稀，五树梅花廿一枝，

七子团圆正月半，除百零五便得知。

你们懂这诗的意思吗？"

"不懂！不懂！"许多人都说。

于是马先生加以解释："这也是和'无边落木萧萧下'的谜一样。'三人同行七十稀'，是说 3 除所得的余数用 70 去乘它。'五树梅花廿一枝'，是说 5 除所得的余数，用 21 去乘。'七子团圆正月半'，是说 7 除所得的余数用 15 去乘。'除百零五便得知'，是说把上面所得的三个数相加，加得的和若大过 105，便把 105 的倍数减去。由此得出来的，就是最小的一个数。好！你们依照这个方法，将本题计算一下。"

下面就是计算的式子：

$1 \times 70 + 2 \times 21 + 1 \times 15 = 70 + 42 + 15 = 127$

$127 - 105 = 22$

奇怪！对是对了，但为什么呢？周学敏还用了一个题："三三数剩二,五五数剩三,七七数剩四"来试验，

$2 \times 70 + 3 \times 21 + 4 \times 15 = 140 + 63 + 60 = 263$

$263 - 105 \times 2 = 263 - 210 = 53$

53 正是 3 的 17 倍多 2，5 的 10 倍多 3，7 的 7 倍多 4。真奇怪！但是为什么是这样呢？

对于这个疑问，马先生说，把上面的式子改成下面的形式，就可以明白了：

（1）$2\times70+3\times21+4\times15=2\times(69+1)+3\times21+4\times15$

$$=2\times23\times3+2\times1+3\times7\times3+4\times5\times3$$

$$=(2\times23+3\times7+4\times5)\times3+2\times1$$

（2）$2\times70+3\times21+4\times15=2\times70+3\times(20+1)+4\times15$

$$=2\times14\times5+3\times4\times5+3\times1+4\times3\times5$$

$$=(2\times14+3\times4+4\times3)\times5+3\times1$$

（3）$2\times70+3\times21+4\times15=2\times70+3\times21+4\times(14+1)$

$$=2\times10\times7+3\times3\times7+4\times2\times7+4\times1$$

$$=(2\times10+3\times3+4\times2)\times7+4\times1$$

"这三个式子，可以说是同一个数的三种解释；（1）表明它是 3 的倍数多 2；（2）表明它是 5 的倍数多 3；（3）表明它是 7 的倍数多 4。这不是正和题目所给的条件相吻合吗？"马先生说完了，王有道似乎已经懂得，但又有点怀疑的样子。

他踌躇了一阵，向马先生提出这么一个问题："用 70 去乘 3 除所得的余数，是因为 70 是 5 和 7 的公倍数，又是 3 的倍数多 1。用 21 去乘 5 除所得的余数，是因为 21 是 3 和 7 的公倍数，又是 5 的倍数多 1。用 15 去乘 7 除所得的余数，是因为 15 是 5 和 3 的倍数，又是 7 的倍数多 1。这些我都明白了。但，这 70，21 和 15 是怎样找出来的呢？"

"这个问题，提得很合适！"马先生说，"这类题的要点就在这里。但这些数的求法，说来话长，你们可以去看开明书店出版的《数学趣味》，里面就有一篇专讲"韩信点兵"的。——不过，像本题的三个除数都很简单，70，21，15 都容易推出来。5 和 7 的最小公倍数是什么？"

"35。"一个同学回答。

"3 除 35，剩多少？"

"2——"另一个同学说。

"注意！我们所要的是 5 和 7 的公倍数，同时又是 3 的倍数多 1 的一个数。35 当然不合用。将 2 去乘它，得 70，既是 5 和 7 的公倍数，又是 3 的倍数多 1。至于 21 和 15 情形也相同。不过 21 已是 3 和 7 的公倍数，又是 5 的倍数多 1，15 已是 5 和 3 的公倍数，又是 7 的倍数多 1，所以都用不到再拿什么数去乘它了。"

最后，他还补充一句：

"我提出这个题的原意，是要你们知道，它的形式虽与求最小公倍数的题相同，实质上却是两件事，必须要加以注意。"

# 20 话说分数

"分数是什么？"马先生今天一上课就问。

"是许多个小单位聚合成的数。"周学敏说。

"你还可以说得更明白点吗？"马先生问。

"例如 $\frac{3}{5}$，就是 3 个 $\frac{1}{5}$ 聚合成的，$\frac{1}{5}$ 对于 1 这个单位来说，是一个小单位。"周学敏回答。

"好！这也是一种说法，而且是比较实用的。照你这种说法，怎样用线段表示分数呢？"马先生问。

"与表示整数时的方法一样，不过用表示 1 的线段的若干分之一做单位罢了。"王有道这么回答以后，马先生就叫他在黑板上作出图 80 来。其实，这是以前已无形中用过的了。

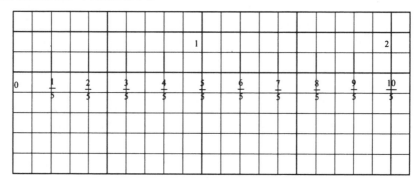

图 80

"分数是什么？还有另外的说法没有？"马先生等王有道回到座位以后继续问。经过好几分钟，还是没有人回答，他又问：

"$\frac{4}{2}$ 是多少？"

"2！"谁都知道。

"$\frac{18}{3}$ 呢？"

"6。"大家一同回答，心里都好像以为这只是不成问题的问题。

"$\frac{1}{2}$ 呢？"

"0.5。"周学敏答。

"$\frac{1}{4}$ 呢？"

"0.25。"还是他。

"你们回答的这些数，分数的值，怎么来的？"

"自然是除得来的哟。"依然是周学敏。

"自然！自然！"马先生说，"就顺了这个自然，我说，分数是表示两个数相除而未除尽所成的数。可不可以这样说？"

"……"似乎是可以的，但没有一个人回答。大约他们也和我一样，自己觉得有点儿拿不稳吧。那就只好由马先生自己回答了。

"自然可以，而且在理论上，更合适。——分子是被除数，分母便是除数。本来，我们也就是因为两个整数相除，不一定除得一干二净；在除不尽的场合，如 $13 \div 5 = 2 \cdots\cdots 3$，不但说起来啰唆，用起来更大大地不方便，急中生智，才造出这么个 $\frac{13}{5}$ 来。"

这样一来，变成用两个数联合起来表示一个数了。马先生说，就因为这样，分数又有一种用线段表示的方法。他说用横线表分母，用纵线表分子，叫我们找出表示 $\frac{1}{2}$，$\frac{2}{4}$，$\frac{3}{6}$ 的各点。我们得出了 $A_1$、$A_2$ 和 $A_3$，连起来就得

直线 $OA$。他又叫我们找 $\frac{3}{5}$，$\frac{6}{10}$ 两点，连起来得直线 $OB$，如图81。

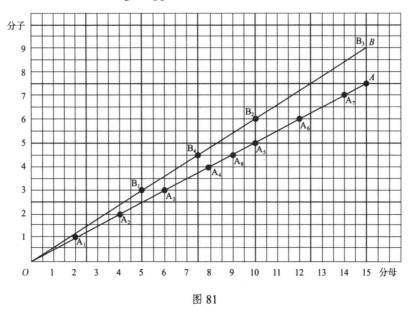

图 81

"$\frac{1}{2}$，$\frac{2}{4}$，$\frac{3}{6}$ 的值是一样的吗？"马先生问。

"一样的！"我们回答。

"表示 $\frac{1}{2}$、$\frac{2}{4}$、$\frac{3}{6}$ 的各点 $A_1$、$A_2$、$A_3$ 都在一条直线上，在这线上，还能不能找得出一些什么分数来？"

大家你一句我一句争着回答："$\frac{4}{8}$。"

"$\frac{5}{10}$。"

"$\frac{6}{12}$。"

"$\frac{7}{14}$。"

"这些分数的值怎样？"

"都和 $\dfrac{1}{2}$ 的相等。"周学敏很快地回答，其实我也是明白的。

"再就 $OB$ 线看，有几个同值的分数？"

"三个，$\dfrac{3}{5}$、$\dfrac{6}{10}$、$\dfrac{9}{15}$。"几乎是全体同时回答。

"不错！这样看来，表示同值分数的点，都在一条直线上。反过来，一条直线上的各点所指示的分数是不是都同值呢？"

"……"我想回答一个"是"字，但找不出理由来，最终不敢回答，别的人也只是低着头想。

"你们在线上随便指出一点来试试看。"

"$A_8$。"我说。

"$B_4$。"周学敏说。

"$A_8$ 指示的分数是什么？"

"$\dfrac{4\frac{1}{2}}{9}$。"王有道说。马先生说，这是一个繁分数，叫我们将它化简来看。

$$\frac{4\frac{1}{2}}{9} = \frac{\frac{9}{2}}{9} = \frac{9}{2} \times \frac{1}{9} = \frac{1}{2}$$

$B_4$ 所指示的分数，我们依样画葫芦，得出：

$$\frac{4\frac{1}{2}}{7\frac{1}{2}} = \frac{\frac{9}{2}}{\frac{15}{2}} = \frac{9}{15} = \frac{3}{5}$$

"由这样看来，对于前面的问题，我们可不可以回答一个'是'字呢？"马先生很郑重地问。就因为他问得很郑重，所以没有人回答。

"我来一个自问自答吧！"马先生说，"可以，也不可以。"惹得大家哄堂大笑。

"不要笑，真是这样。实际上，本来就是这样的，所以你回答一个'是'字，别人绝不能提出反证来。不过，在理论上，你现在没有给它一个充分的证明，所以你回答一个'不可以'，也是为了保险。——我得再说一句，再过一年，你们学完了平面几何，就会给它一个证明了。"

接着，马先生又提醒我们，将这图从左看到右，又从右看到左。先是：$\frac{1}{2}$ 变成 $\frac{2}{4}$，$\frac{3}{6}$，$\frac{4}{8}$，$\frac{5}{10}$，$\frac{6}{12}$，$\frac{7}{14}$；而 $\frac{3}{5}$ 变成 $\frac{6}{10}$，$\frac{9}{15}$，它们正好表示扩分的变化。——用同数乘分子和分母。后来是，正相反，$\frac{7}{14}$，$\frac{6}{12}$，$\frac{4}{8}$，$\frac{2}{4}$ 都变成 $\frac{1}{2}$；而 $\frac{9}{15}$，$\frac{6}{10}$ 都变成 $\frac{3}{5}$。它们恰好表示约分的变化。——用同数除分子和分母。——啊！多么简单、明了，且趣味丰富啊！谁说算学是呆板、枯燥、没生趣的呀！

用这种方法表示分数，它的效用就到此为止了吗？不！还有更浓厚的趣味哩。

第一，是通分，马先生提出下面的例题。

例一 化 $\frac{3}{4}$，$\frac{5}{6}$ 和 $\frac{3}{8}$ 为同分母的分数。

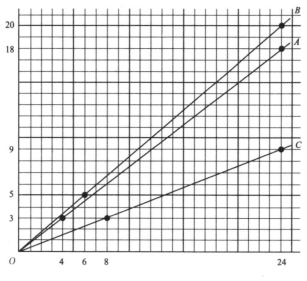

图82

解决这个问题，真是再轻松不过了。我们只依照马先生的吩咐，画出表示这三个分数 $\frac{3}{4}$，$\frac{5}{6}$ 和 $\frac{3}{8}$ 的三条线——$OA$、$OB$ 和 $OC$，马上就看出来 $\frac{3}{4}$ 扩分可成 $\frac{18}{24}$，$\frac{5}{6}$ 可成 $\frac{20}{24}$，而 $\frac{3}{8}$ 可成 $\frac{9}{24}$，正好分母都是 24。真是简单极了。

第二，是比较分数的大小。

就用上面的例和图，便可说明白。把三个分数，化成了同分母的，因为：

$$\frac{20}{24} > \frac{18}{24} > \frac{9}{24}$$

所以可知道：

$$\frac{5}{6} > \frac{3}{4} > \frac{3}{8}$$

这个结果图上显示得非常明白，$OB$ 线高于 $OA$ 线，$OA$ 线高于 $OC$ 线，无论这三个分数的分母是否相同，这个事实绝不改变，还用得着什么通分吗？

照分数的性质说，分子相同的分数，分母越大的值越小。这一点，图上显示得更明白了。

第三，这是普通算术书上所不常见到的，就是求两个分数间，有一定分母的分数。

例二　求 $\frac{5}{8}$ 和 $\frac{7}{18}$ 中间，分母为 14 的分数。

先画表示 $\frac{5}{8}$ 和 $\frac{7}{18}$ 的两条直线 $OA$ 和 $OB$，由分母 14 这一点往上看，处在 $OA$ 和 $OB$ 间的，分子的数是 6（$C_1$）、7（$C_2$）和 8（$C_3$）。这三点所表的分数是 $\frac{6}{14}$、$\frac{7}{14}$、$\frac{8}{14}$，便是所求的答案。

这多么直截了当啊！马先生叫我们用算术的计算法来解这个问题，以作为比较。我们共同讨论了一下，得出一个要点：先通分。因为这一来好从分子的大小决定各分数。通分的结果，8、14 和 18 的最小公倍数是 504，而 $\dfrac{5}{8}$ 变成 $\dfrac{315}{504}$，$\dfrac{7}{18}$ 变成 $\dfrac{196}{504}$，所求的分数就在 $\dfrac{315}{504}$ 和 $\dfrac{196}{504}$ 中间，分母是 504，分子比 196 大，比 315 小。

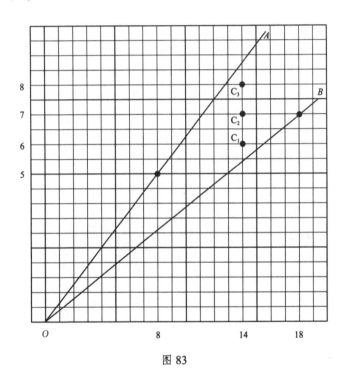

图 83

"这还不够。"王有道提出了意见，"因为题上所要求的，只限于 14 做分母的分数。公分母 504 是 14 的 36 倍，分子必须是 36 的倍数，才约得成 14 做分母的分数。"这个意见当然很对，而且也是本题要点之一。依照这个意见，我们找出在 196 和 315 中间，36 的倍数，只有 216（6 倍），252（7 倍），和 288（8 倍）三个。而：

$$\frac{216}{504}=\frac{6}{14}, \quad \frac{252}{504}=\frac{7}{14}, \quad \frac{288}{504}=\frac{8}{14}$$

这与前面所得的结果完全相同，但步骤却烦琐得多了。

马先生还提出一个计算起来比这个更烦琐的题，但如果由作图法解决，其实不过是"举手之劳"。

例三　求分母是 10 和 15 中间各整数的分数，分数的值限于 0.6 和 0.7 之间。

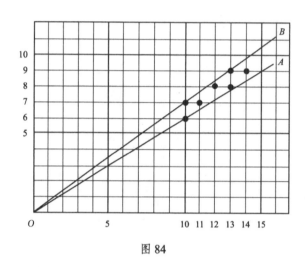

图 84

图中 OA 和 OB 两条直线，分别表示 $\dfrac{6}{10}$ 和 $\dfrac{7}{10}$。因此所求的各分数的值，就在它们中间。又分母限于 11，12，13 和 14 四个数。由图中一眼就可以看出来，所求的分数只有下面五个：

$$\dfrac{7}{11}, \ \dfrac{8}{12}, \ \dfrac{8}{13}, \ \dfrac{9}{13}, \ \dfrac{9}{14}\text{。}$$

第四，分数怎样相加减？

例四　求 $\dfrac{3}{4}$ 和 $\dfrac{5}{12}$ 的和与差。

总是要画图的，马先生写完题以后，我就将表示 $\dfrac{3}{4}$ 和 $\dfrac{5}{12}$ 的两条直线 OA 和 OB 画好，如图 85。

"异分母分数的加减法，你们都已知道了吧？"马先生问。

"先通分！"周学敏说。

"为什么要通分呢？"

"因为，如果把分数看成许多小单位集合而成，单位不同的数，不能相加减。"周学敏加以说明。

"对的！那么现在我们怎样在图上将这两个分数相加减呢？"

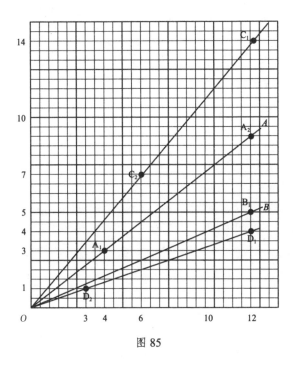

图 85

"两个分数的最小公分母是 12，通分以后，$\dfrac{3}{4}$ 变成 $\dfrac{9}{12}$，即 $A_2$ 所表示的；$\dfrac{5}{12}$ 还是 $\dfrac{5}{12}$，即 $B_1$ 所表示的。在 12 这条纵线上，从 $A_2$ 起加上 5，得 $C_1$（$A_2C_1$ 等于 $12B_1$），$OC_1$ 这条直线，就表示所求的和 $\dfrac{14}{12}$。"王有道回答。

与"和"的作法相反，"差"的作法我也明白了。从 $A_2$ 起向下截去 5，

得 $D_1$，$OD_1$ 这条直线，就表示所求的差 $\frac{4}{12}$。

"$OC_1$ 和 $OD_1$ 这两条直线所表示的分数，最左的一个各是什么？"马先生问。

一个是 $\frac{7}{6}$，$C_2$ 所表示的。一个是 $\frac{1}{3}$，$D_2$ 所表示的。这个说明了什么呢？

马先生告诉我们，这个就是在算术中，加得的和，如 $\frac{14}{12}$，以及减得的差，

如 $\frac{4}{12}$，可约分的时候，都要约分。而在这里，只要看最左的一个分数就行了，

真方便！

# 21 三态之一——几分之几

马先生说，分数的应用问题，大体看来，可分成三大类：

第一，性质和整数的四则问题一样，不过其中有些数目是分数罢了。以前的例子中已有过，即如"大小两数的和是 $1\frac{1}{10}$，差是 $\frac{2}{5}$，求两数"。当然，这类题目用不着再讲了。

第二，和分数性质有关系的。这种题目"万变不离其宗"，归根到底，不过三种形态：

（1）知道两个数，求一个数是另一个数的几分之几。

（2）知道一个数，求它的几分之几是多少。

（3）知道一个数的几分之几，求它是什么。

若用 $a$ 表一个分数的分母，$b$ 表分子，$m$ 表它的值，那么：
$$m = \frac{b}{a}$$
（1）知道 $a$ 和 $b$，求 $m$。

（2）求一个数 $n$ 的 $\frac{b}{a}$ 是多少。

（3）一个数的 $\frac{b}{a}$ 是 $n$，求这个数。

第三，单纯是分数自身的变化。如"有一个分数，其分母加 1，可约为

$\frac{3}{4}$，分母加2，可约为 $\frac{2}{3}$，求原数"。

这次，马先生所讲的就是第二类中的（1）。

**例一** 把一颗骰子连掷三十六次，正好出现六次红，再掷一次，出现红的机会是多少？

"这个题的意思，是就三十六次中出现六次的概率来说，看它占几分之几。就用这个数来预测下次的机会。——这种计算，叫概率。"马先生说。

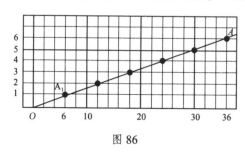

图86

纵线36和横线6的交点是 $A$，连 $OA$，这直线就表示所求的分数 $\frac{6}{36}$。它可被约分成 $\frac{3}{18}$，$\frac{2}{12}$，$\frac{1}{6}$ 和 $\frac{4}{24}$，$\frac{5}{30}$ 等值，最简洁的一个就是 $\frac{1}{6}$。

**例二** 酒精三升半与水五升混合成的酒，酒精占多少？

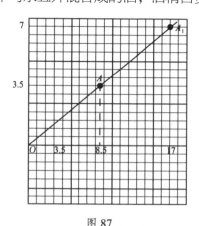

图87

性质上本题和前题没有什么两样，只是从分母——横线上——需取

$3.5 + 5 = 8.5$ 这一点。这一点的纵线和 $3.5$ 这点的横线相交于 $A$。连 $OA$，得表示所求的分数的直线。但直线上，从 $A$ 向左，找不出简分数来。若将它适当地延长到 $A_1$，则得最简分数 $\dfrac{7}{17}$。用算术上的方法计算，便是：

$$\frac{3.5}{3.5+5} = \frac{3.5}{8.5} = \frac{35}{85} = \frac{7}{17}$$

# 22 三态之二——求偏

例一　求 35 元的 $\frac{1}{7}$、$\frac{3}{7}$ 各是多少。

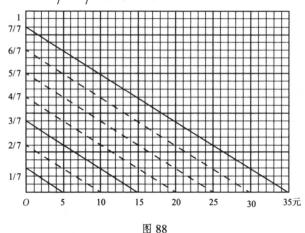

图 88

"你们觉得这个问题有什么困难吗？"马先生问。

"分母是一个数，分子是一个数，35 元又是一个数，一共三个数，怎样画法呢？"我感到的困难就在这一点。

"那么，把分数就看成一个数，不是只有两个数了吗？"马先生说，"其实在这里，还可直截了当地看成一个简单的除法和乘法的问题。你们还记得我所讲过的除法的画法吗？"

"记得！任意画一条 OA 线，从 O 起，在外面取等长的若干段……（参看图 4 和它的说明）"

我的话还没有说完，马先生就接了下去："在这里，假如我们用横线（或纵线）表元数，就可以用纵线（或横线）当任意直线 $OA$。就本题说，任取一小段作 $\frac{1}{7}$，依次取 $\frac{2}{7}$，$\frac{3}{7}$，直到 $\frac{7}{7}$ 就是 1。——也可以先取一长段作 1，就是 $\frac{7}{7}$，再把它分成 7 个等分。——这样一来，要求 35 元的 $\frac{1}{7}$，怎样做法？"

"先连 1 和 35，再过 $\frac{1}{7}$ 画它的平行线，和表元数的线交于 5，就是表明 35 元的 $\frac{1}{7}$ 是 5 元。"周学敏答。

不用说，过 $\frac{3}{7}$ 这一点照样作平行线，就得 35 元的 $\frac{3}{7}$ 是 15 元。若我们过 $\frac{2}{7}$，$\frac{4}{7}$……各分线也作同样的平行线，则 35 元的 $\frac{1}{7}$，$\frac{2}{7}$，$\frac{3}{7}$……都能一目了然了。

马先生进一步指示我们：由本题看来，$\frac{1}{7}$ 是 5 元，$\frac{2}{7}$ 是 10 元，$\frac{3}{7}$ 是 15 元，$\frac{4}{7}$ 是 20 元……以至于 $\frac{7}{7}$（全数）是 35 元，可知，若把 $\frac{1}{7}$ 作单位，$\frac{2}{7}$、$\frac{3}{7}$、$\frac{4}{7}$……相应地就是它的 2 倍、3 倍、4 倍……所以我们若把倍数的意义看得宽一些，分数的问题在原理上和倍数的问题没有什么差别。真的！求 35 元的 2 倍、3 倍……和求它的 $\frac{2}{7}$、$\frac{3}{7}$……都同样地用乘法：

$$35^{元} \times 2 = 70^{元}，\quad 35^{元} \times 3 = 105^{元}\cdots\cdots 倍数$$
$$35^{元} \times \frac{2}{7} = 10^{元}，\quad 35^{元} \times \frac{3}{7} = 15^{元}\cdots\cdots 分数$$

$\left.\begin{array}{l}\\\\\end{array}\right\}$ 广义的倍数

总结一句：知道一个数，要求它的几分之几，与求它的多少倍一样，都是用乘法。

例二　华民有 48 元钱，将 $\frac{1}{4}$ 给他的弟弟，他的弟弟将所得的 $\frac{1}{3}$ 给小妹妹，各人有多少钱？各人所有的是华民原有的几分之几？

本题的面目虽然和前一题的略有不同，但也不过面目不同而已。追本寻源，却没有什么差别。$OA$ 表全数（或说整个，或说 1，都是一样），$OB$ 表示 48 元。$OC$ 表示 $\frac{1}{4}$。$CD$ 平行于 $AB$。$OE$ 表 $OC$ 的 $\frac{1}{3}$，$EF$ 平行于 $CD$，自然也平行于 $AB$。——这是图 89 的作法。

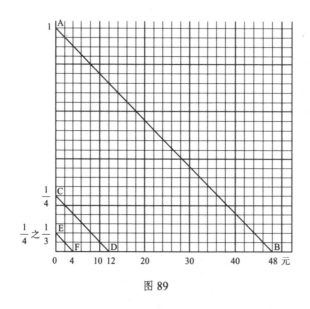

图 89

$D$ 指 12 元，是华民给弟弟的。$OB$ 减去 $OD$ 剩 36 元，是华民分给弟弟后所有的。

$F$ 指 4 元，是华民的弟弟给小妹妹的。$OD$ 减去 $OF$，剩 8 元，是华民的弟弟所有的。

他们所有的，依次是 36 元，8 元，4 元，合起来正好 48 元。

至于各人所有的钱对于华民原有的来说，依次是 $\frac{3}{4}$，$\frac{2}{12}$ 即 $\frac{1}{6}$，和 $\frac{1}{12}$。

这题的算法是:

$$48^{元} \times \frac{1}{4} = 12^{元} \cdots\cdots 华民给弟弟的。$$

$$48^{元} - 12^{元} = 36^{元} \cdots\cdots 华民给弟弟后所有的。$$

$$12^{元} \times \frac{1}{3} = 4^{元} \cdots\cdots 弟弟给小妹妹的。$$

$$12^{元} - 4^{元} = 8^{元} \cdots\cdots 弟弟所有的。$$

$$1 - \frac{1}{4} = \frac{3}{4} \cdots\cdots 华民的。$$

$$\frac{1}{4} \times \frac{1}{3} = \frac{1}{12} \cdots\cdots 小妹妹的。$$

$$\frac{1}{4} - \frac{1}{4} \times \frac{1}{3} = \frac{2}{12} = \frac{1}{6} \cdots\cdots 弟弟的。$$

例三 甲、乙、丙三人分 60 元,甲得 $\frac{2}{5}$,乙得的等于甲的 $\frac{2}{3}$,各得多少?

"这个题和前面的两个题相比较,有什么不同?"马先生问。

"一样的,不过多转了一个弯。"王有道说。

"这种看法是对的。"马先生就叫王有道将图画出来,并且加以说明。

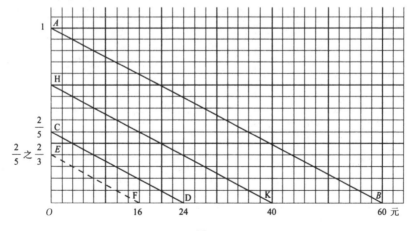

图 90

"AB、CD、EF三条线的画法，和以前的一样。"王有道一面画一面说，"从C向上取CH等于OE。画HK平行于AB。D代表甲得24元，0F代表乙得16元。OK代表甲、乙共得40。KB就代表丙得20元。"

王有道已说得很明白了，马先生叫我将计算法写出来，这还有什么难呢？

$$60^{元} \times \frac{2}{5} = 24^{元} (\,0D\,) \cdots\cdots 甲得的。$$

$$24^{元} \times \frac{2}{3} = 16^{元} (\,0F\,) \cdots\cdots 乙得的。$$

$$60^{元} - (\,24^{元} + 16^{元}\,) = 60^{元} - 40^{元} = 20^{元} \cdots\cdots 丙得的。$$

$$\vdots \qquad \vdots \qquad \vdots \qquad \vdots \qquad \vdots \qquad \vdots$$

$$OB \qquad OD \quad DK(OF) \quad OB \qquad OK \qquad KB$$

例四　有人存了90银圆，每次取出$\frac{1}{3}$，连取3次，每次取出多少，还剩多少？

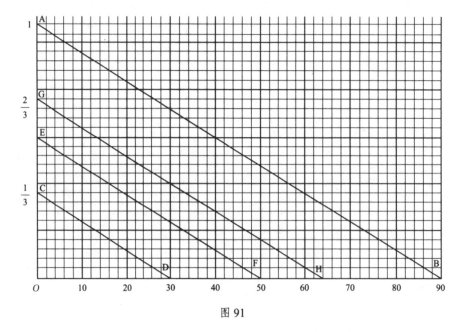

图 91

　　这个问题，与前面的思路一样，当然很简单。也许因为这个缘故，马先生才留给我们自己做。我只将图画在这里，作为参考，其实只是一个连分数的问题。——OD 表示第一次取 30 元，DF 表示第二次取 20 元，FH 表示第三次取 $13\frac{1}{3}$ 元。所剩的是 HB，$26\frac{2}{3}$ 元。

# 23 三态之三——求全

例一　什么数的 $\dfrac{3}{4}$ 是 12？

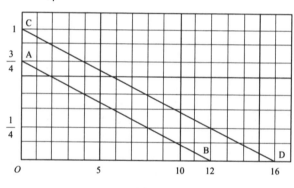

图 92

"这是知道了某数的部分，而要求它的整个，和前一种正相反。所以它的画法，不用说，只是将前一种的方法反其道而行了。"马先生说。

"横线表示数，这用不到说，纵线表分数，$\dfrac{3}{4}$ 怎样画法？"

"先任意取一长段作 1，再将它 4 等分，就可得 $\dfrac{1}{4}$，$\dfrac{2}{4}$，$\dfrac{3}{4}$ 各点。"一个同学说。

"这样的办法，对是对的，不过不很便捷。"马先生批评道。

"先任取一小段作 $\frac{1}{4}$，再连续依次取相同的线段，表示 $\frac{2}{4}$，$\frac{3}{4}$……"周学敏说。

"这就比较方便了。"马先生说完，在 $\frac{3}{4}$ 的那一点标一个 $A$，12 那点标一个 $B$，又在 1 那点标一个 $C$，"这样一来，怎样画法？"

"先连接 $AB$，再过 $C$ 作它的平行线 $CD$。$D$ 点指示的 16——它的 $\frac{1}{4}$ 是 4，它的 $\frac{3}{4}$ 正好是 12——就是所求的数。"

依照前面 22 堂课上"求偏"的原理，我们应当把"倍数"的意义看得广泛一点。这类题的计算法，正与'知道某数的倍数，求某数'那一类题没有什么不同，都应当用除法。例如，某数的 5 倍是 105，则：

某数 $= 105 \div 5 = 21$。

而本题中，某数的 $\frac{3}{4}$ 是 12，所以：

某数 $= 12 \div \frac{3}{4} = 12 \times \frac{4}{3} = 16$。

例二　某数的 $2\frac{1}{3}$ 是 21，某数是多少？

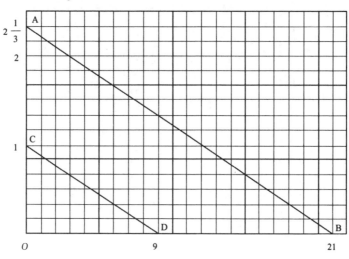

图 93

本题和前一题可以说完全相同，由它更可看出"知偏求全"的道理，与知道倍数求原数的道理是一样的。

图中 $AB$ 和 $CD$ 两条直线的作法，和前题的相同，$D$ 指示某数是 9——它的 2 倍是 18，它的 $\frac{1}{3}$ 是 3，它的 $2\frac{1}{3}$ 正好是 21。这题的计算法，是这样：

$$21 \div 2\frac{1}{3} = 21 \div \frac{7}{3} = 21 \times \frac{3}{7} = 9 。$$

**例三** 什么数的 $\frac{1}{2}$ 与 $\frac{1}{3}$ 的和是 15？

"本题的要点是什么？"马先生问。

"先看某数的 $\frac{1}{2}$ 加上它的 $\frac{1}{3}$ 的和，是它的几分之几。"王有道回答。

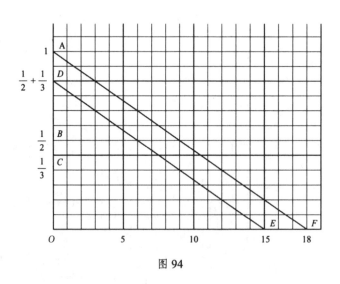

图 94

这图 94 是周学敏作的。先取 $OA$ 作 1，再取它的 $\frac{1}{2}$ 为 $OB$，和 $\frac{1}{3}$ 为 $OC$。再把 $OC$ 加到 $OB$ 上得 $OD$，$BD$ 自然是 $OA$ 的 $\frac{1}{3}$。所以 $OD$ 就是 $OA$ 的 $\frac{1}{2}$ 加 $\frac{1}{3}$ 的和。

连 $DE$，作 $AF$ 平行于 $DE$，$F$ 指明某数是 18。

计算法是：

$$15 \div \left( \frac{1}{2} + \frac{1}{3} \right) = 15 \div \frac{5}{6} = 15 \times \frac{6}{5} = 18$$

$$\begin{array}{ccccc}
\vdots & \vdots & \vdots & \vdots & \vdots \\
OE & OB & OC(BD) & OD & OF
\end{array}$$

例四 什么数的 $\frac{2}{7}$ 与 $\frac{1}{5}$ 的差是 6 ？

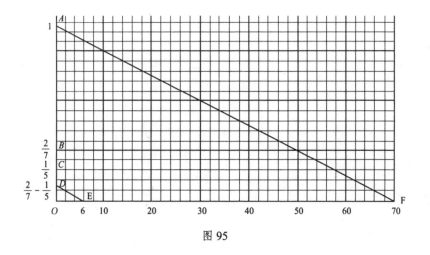

图 95

和前题相比较，只是"和"换成了"差"这一点不同。所以它的作法也只有从 $OB$ 减去 $OC$，得 $OD$，表示 $\frac{2}{7}$ 与 $\frac{1}{5}$ 的差，这一点不同。$F$ 指明所求的数是 70。

计算法是这样：

$$6 \div \left( \frac{2}{7} - \frac{1}{5} \right) = 6 \div \frac{3}{35} = 6 \times \frac{35}{3} = 70$$

$$\begin{array}{ccccc}
\vdots & \vdots & \vdots & \vdots & \vdots \\
OE & OB & OC(BD) & OD & OF
\end{array}$$

例五　大小两数的和是 21，小数是大数的 $\frac{3}{4}$，求两数。

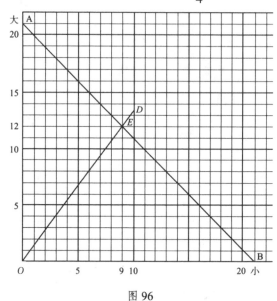

图 96

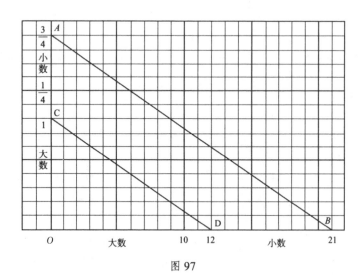

图 97

就广义的倍数说，这个题和第四节的例二完全一样。照图 11 的作法，

可得图 96。如果按照前例的作法，把大数看成 1，小数就是 $\frac{3}{4}$，可得图 97。

两相比较，真是殊途同归了。

计算法如下：

$$21 \div ( 1 + \frac{3}{4} ) = 21 \div \frac{7}{4} = 21 \times \frac{4}{7} = 12$$

⋮　　　⋮　⋮　　　　　　　⋮

⋮ 大数 *OC* 小数 *CA*　　　　大数 *OD*

和 *OB*

└*OA*┘

⋮

大数的$1\frac{3}{4}$倍

21　　－　　12　　＝　　9

⋮　　　　⋮　　　　⋮

和 *OB*　大数 *OD*　小数 *DB*

例六　大小两数的差是 4，大数恰是小数的$\frac{4}{3}$，求两数。

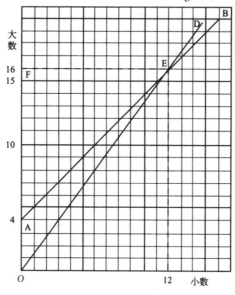

图 98

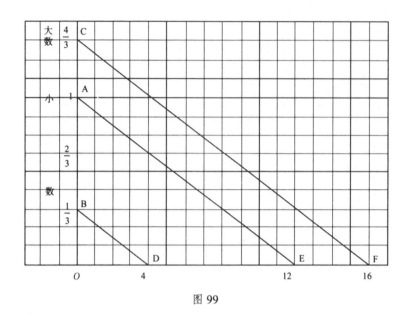

图 99

这题和第四节的例三，内容完全相同，图 98 就是依图 12 作的。图 99 的作法和图 97 的相似，不过是将小数看成 1，得 $OA$。取 $OA$ 的 $\frac{1}{3}$，得 $OB$。

将 $OB$ 的长加到 $OA$ 上，得 $OC$。它是 $OA$ 的 $\frac{4}{3}$，即大数。$D$ 点表 4，连 $BD$。作 $AE$、$CF$ 和 $BD$ 平行。$E$ 代表小数是 12，$F$ 代表大数是 16。

计算法是这样：

$$4 \div \left( \frac{4}{3} - 1 \right) = 4 \div \frac{1}{3} = 12 , 12 + 4 = 16$$

$$\vdots \qquad \vdots \qquad \vdots \qquad \vdots \qquad \vdots \qquad \vdots \qquad \vdots$$

差$OD$　大数$OC$　小数 $OA(CB)$　$OB$　小数$OE$　差 $OD(EF)$　大数 $OF$

例七　某人花去存款的 $\frac{1}{3}$，后又花去所余的 $\frac{1}{5}$，还存 16 元。他原来的存款是多少？

"这题的图的作法，第一步，可先取一长段 $OA$ 作 1，然后减去它的 $\frac{1}{3}$，应当怎样减法？"马先生问。

"把 *OA* 三等分，从 *A* 向下取 *AB* 等于 *OA* 的 $\frac{1}{3}$，*OB* 就表示所剩的。"我回答。

"不错！第二步呢？"

"从 *B* 向下取 *BC* 等于 *OB* 的 $\frac{1}{5}$，*OC* 就是表示第二次取钱后所剩的钱。"周学敏答。

"对！ *OC* 就和 *OD* 所表示的 16 元相当了。你们各人自己把图作完吧！"马先生吩咐。

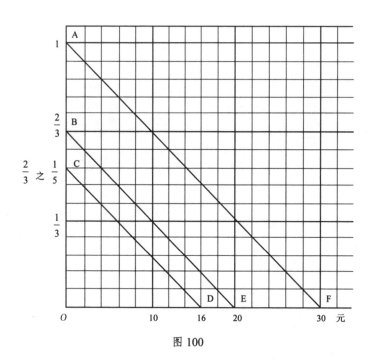

图 100

自然这又是老法子：连 *CD*，作 *BE*、*AF* 和它平行。*OF* 所表示的 30 元，就是原来的存款。从这图上还可看出，第一次所取的是 10 元，第二次是 4 元，一目了然。计算法是：

$$16^{\tfrac{\pi}{}} \div \left[ 1 - \frac{1}{3} - \left( 1 - \frac{1}{3} \right) \times \frac{1}{5} \right] = 16^{\tfrac{\pi}{}} \div \frac{8}{15} = 30^{\tfrac{\pi}{}}$$

$$\begin{matrix} \vdots & \vdots & \vdots & \vdots & & \vdots & \vdots \\ OD & OA & AB & OB & & OC & OF \end{matrix}$$

例八　有水一桶，漏掉了 $\frac{1}{3}$ 后，又从桶中汲取了 2 升水，还剩半桶。这桶水原来有多少？

"这个题如果要画图，会不太顺畅，你们能把它的顺序更改一下吗？"马先生问。

"题上说，最后剩的是半桶，可见得漏掉和汲取出的也是半桶，先就这半桶来画图好了。"王有道说。

"这办法很不错，这样理解，显得简捷多了。"马先生说，"那么，作图法呢？"

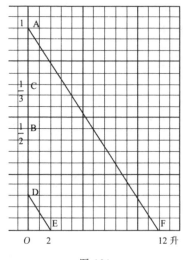

图 101

"先任取 OA 作 1。截去一半 AB，得 OB，也是一半。三等分 AO 得 AC。从 BO 截去 AC 得 OD，OD 相当于汲出的水 2 升……"王有道说到这里，我已知道，以下自然又是老法门，连 *DE*，作 *AF* 和它平行。*F* 代表这桶水原来是 12 升。——先漏去 $\frac{1}{3}$ 是 4 升，后汲去 2 升，只剩 6 升，恰好半桶。

算法是：

$$2^{升} \div (1 - \frac{1}{2} - \frac{1}{3}) = 2^{升} \div \frac{1}{6} = 12^{升}$$

$$\vdots \qquad \vdots \qquad \vdots \qquad \vdots \qquad\qquad \vdots \qquad \vdots$$

$$OE \qquad OA \qquad BA \quad BD（AC） \qquad OD \qquad OF$$

**例九** 有绳一段，剪去 9 尺，余下的部分比全长的 $\frac{3}{4}$ 还短 3 尺，这绳原长多少？

这个题，不过有点绕弯而已，一经马先生的提示："少剪去 3 尺，怎样？"我便明白作法了。

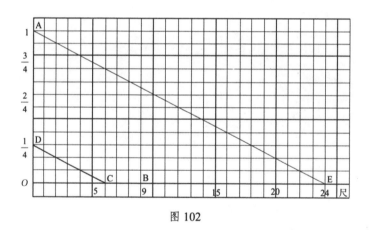

图 102

图 102 中，*OB* 表示剪去的 9 尺。*BC* 是 3 尺。若少剪 3 尺，则剪去的便只是 *OC*。从 *C* 往右正是全长的 $\frac{3}{4}$。*OA* 表示 1，*AD* 是 *OA* 的 $\frac{3}{4}$。连 *DC*，作 *AE* 和它平行。*E* 指明这绳原来是 24 尺。它的 $\frac{3}{4}$ 是 18 尺。它被剪去了 9 尺，只剩 15 尺，比 18 尺恰好差 3 尺。

经过这番作图法，算法也就很明白了：

$$(9^{尺} - 3^{尺}) \div \left(1 - \frac{3}{4}\right) = 6^{尺} \div \frac{1}{4} = 24^{尺}$$

$$\vdots \qquad \vdots \qquad \vdots \qquad \vdots \qquad \vdots \qquad \vdots \qquad \vdots$$

$$OB \quad CB \qquad OA \quad DA \qquad OC \quad OD \quad OE$$

例十　夏竹君提取存款的 $\frac{2}{5}$，后又存入 200 元，正好是原存款的 $\frac{2}{3}$，求原来的存款。

从讲分数的应用问题起，直到第九个例题，我都不很感到困难，但到了这个题，我却有点应付不了。马先生似乎已知道我们有一大半人都拿它没有办法，他于是说：

"你们先不要对着题去闷想，还是动手的好。"但是怎样动手呢？从题目所说的内容，都看不出什么联系。

"先作表示 1 的 $OA$。再作表示 $\frac{2}{5}$ 的 $AB$。又作表示 $\frac{2}{3}$ 的 $0C$。"马先生好似体育老师喊口令一般。

"夏竹君提取存款的 $\frac{2}{5}$，剩的是什么？"他问。

"$\frac{3}{5}$。"周学敏说。

"不，我问的是图上的线段。"马先生说。

"$OB$。"周学敏不回答，我就说。

"存入 200 元后，存款有多少？"

"$OC$。"我回答。

"那么，和这存入的 200 元相当的是什么？"

"$BC$。"周学敏抢着说。

"这样一来，图就会画了吧？"

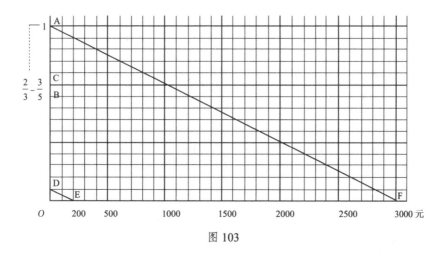

图 103

我仔细想了一阵，又看看前面的几个图，都是把与实在的数目相当的分数放在最下面——这大约是一个小小的秘诀——我就取 $OD$ 等于 $BC$。连 $DE$，作 $AF$ 平行于它。$F$ 指的是 3000 元。这个数使我有点怀疑，好像太大了一些。我就给它复证一下，3000 元的 $\frac{2}{5}$ 是 1200 元，提取后还剩 1800 元。加入 200 元，是 2000 元，不是 3000 元的 $\frac{2}{3}$ 是什么？——方法如果对了，只要做得仔细，结果总会是对的，为什么要怀疑呢？

这个作法，已把计算法明明白白地告诉我们了：

$$200^{元} \div \left[ \frac{2}{3} - \left(1 - \frac{2}{5}\right) \right] = 200^{元} \div \left[ \frac{2}{3} - \frac{3}{5} \right] = 200^{元} \div \frac{1}{15} = 3000^{元}$$

$$\begin{array}{ccccccc} \vdots & \vdots & \vdots & \vdots & & \vdots & \vdots & \vdots \\ OE & OC & OA & BA & & OB & OD（BC） & OF \end{array}$$

例十一　把 36 分成甲、乙、丙三部分，甲的 $\frac{1}{2}$ 和乙的 $\frac{1}{3}$、丙的 $\frac{1}{4}$ 都相等，求各数。

对于马先生的指导，我真要铭感五内了。这个题，在平常，我一定没有办法的，现在遵照马先生前一题的提示，"先不要对着题闷想，还是动手的好"，我就动起手来。

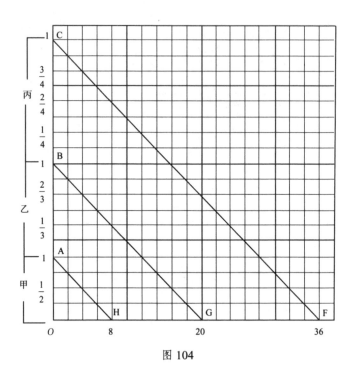

图 104

先取一小段作甲的 $\frac{1}{2}$，取两段得 $OA$，这就是甲的 1。题目上说乙的 $\frac{1}{3}$

和甲的 $\frac{1}{2}$ 相等，我就连续取同样的 3 小段，每一段作乙的 $\frac{1}{3}$，得 $AB$，这就

是乙的 1。再取同样的 4 小段，每一段作丙的 $\frac{1}{4}$，得 $BC$，这就是丙的 1。

连 $CF$，又作它的平行线 $BG$ 和 $AH$。$OH$、$HG$ 和 $GF$ 各表 8，12，16，

就是所求的甲、乙、丙三个数。8 的 $\frac{1}{2}$，12 的 $\frac{1}{3}$，和 16 的 $\frac{1}{4}$ 全都等于 4。

至于算法，我倒想着不妨别致一点：

$$36 \div (\frac{1}{2} \times 2 + \frac{1}{2} \times 3 + \frac{1}{2} \times 4) = 36 \div \frac{9}{2} = 8$$

$$\vdots \qquad \vdots \qquad \vdots \qquad \vdots \qquad \vdots \qquad \vdots$$

$$OF \qquad OA \qquad AB \qquad BC \qquad OC \quad OH（甲）$$

$$8 \times \frac{1}{2} \times 3 = 12 \qquad\qquad 8 \times \frac{1}{2} \times 4 = 16$$

$$\underbrace{\qquad\qquad\qquad} \qquad\qquad \underbrace{\qquad\qquad\qquad}$$

$$\vdots \qquad\qquad\qquad\qquad \vdots$$

甲的 $\frac{1}{2}$，乙的 $\frac{1}{3}$　 $HG$（乙）　　甲的 $\frac{1}{2}$，丙的 $\frac{1}{4}$　　 $GF$（丙）

例十二　分 490 元，给赵、钱、孙、李四个人。赵比钱的 $\frac{2}{3}$ 少 30 元，孙等于赵、钱的和，李比孙的 $\frac{2}{3}$ 少 30 元，每人各得多少?

"这个题有点儿麻烦了，是不是? 人有四个，条件又啰唆。你们坐了这么长时间，也有点儿疲倦了。我来说个故事，给你们解解闷，好不好? "听到马先生要说故事，大家精神为之一振。

"话说——"马先生一开口，惹得大家都笑了起来，"从前有一个老头子，他有三个儿子和十七头牛。有一天，他病了，自己觉得大限快要到来，因为他已经九十多岁了，就叫他的三个儿子到面前来，吩咐他们:'我的牛，你们三兄弟分，照我的说法去分，不许争吵:老大要 $\frac{1}{2}$，老二要 $\frac{1}{3}$，老三要 $\frac{1}{9}$。

"老头子不久果然死了。他的三个儿子把事情料理清楚以后，就牵出十七头牛来，按照他的说法分。老大要 $\frac{1}{2}$，就只能得八头活的和半头死的。老二要 $\frac{1}{3}$，就只能得五头活的，$\frac{2}{3}$ 头死的。老三要 $\frac{1}{9}$，只能得一头活的，$\frac{8}{9}$ 头死的。他们虽然不争吵，却不知道怎样分法才合适，谁都不愿要死牛。

"后来他们一同去请教隔壁的李太公，他向来很公平，他们很佩服的。他们把一切情形告诉了李太公。李太公笑眯眯地牵了自己的一头牛，跟他们去。他说：'你们分不开，我送你们一头，再分好了。'

"他们三兄弟有了十八头牛：老大分 $\frac{1}{2}$，牵去九头；老二分 $\frac{1}{3}$，牵去六头；老三分 $\frac{1}{9}$，牵去两头。各人都高高兴兴。李太公的一头牛他仍旧牵了回去。"

"这叫李太公分牛。"马先生说完，大家又用笑声来回答他。

他接着说："你们听了这个故事，学到点什么没有？"

"……"没有人回答。

"你们不妨学学李太公，做个空头人情，来替赵、钱、孙、李这四家分这笔麻烦账啊！"原来，他说李太公分牛的故事，是提示我们，解决这个题，必须虚加些钱进去。这钱怎样加进去呢？

第一步，我想着了，赵比钱的 $\frac{2}{3}$ 少 30 元，若加 30 元去给赵，则他得的就是钱的 $\frac{2}{3}$。

不过，这样一来，孙比赵、钱的和又差了 30 元。好，又加 30 元去给孙，使他所得的还是等于赵、钱的和。

再往下看去，又来了，李比孙的 $\frac{2}{3}$ 已不止少 30 元。孙既多得了 30 元，他的 $\frac{2}{3}$ 就多得了 20 元。李比他所得的 $\frac{2}{3}$，先少 30 元，现在又少 20 元。这两笔钱，不用说也得加进去。

虚加进这几笔数，则各人所得的，赵是钱的 $\frac{2}{3}$，孙是赵、钱的和，而

李是孙的 $\frac{2}{3}$，他们彼此间的关系，就比较简单了。

按照上面的思路，画图如下：

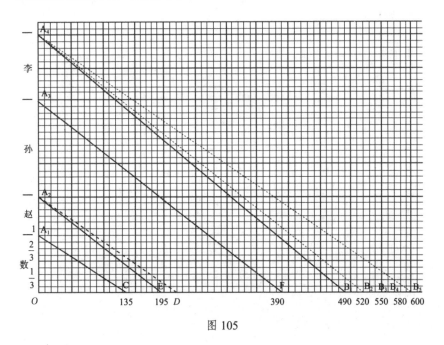

图 105

先取 $OA_1$，作钱的 1。次取 $A_1A_2$ 等于 $OA_1$ 的 $\frac{2}{3}$，作为赵的。再取 $A_2A_3$ 等于 $OA_2$，作为孙的。又取 $A_3A_4$ 等于 $A_2A_3$ 的 $\frac{2}{3}$，作为李的。

在横线上，取 $OB_1$ 表 490 元。$B_1B_2$ 表示添给赵的 30 元。$B_2B_3$ 表示添给孙的 30 元。$B_3B_4$ 和 $B_4B_5$ 表示添给李的 30 元和 20 元。

连 $A_4B_5$ 作 $A_1C$ 和它平行，$C$ 指 135 元，是钱所得的。

作 $A_2D$ 平行于 $A_1C$，由 $D$ 减去 30 元，得 $E$。$CE$ 表示 60 元，是赵所得的。

作 $A_3F$ 平行于 $A_2E$，$EF$ 表示 195 元，是孙所得的。

作 $A_4B_2$ 平行于 $A_3F$，由 $B_2$ 减去 30 元，正好得到表示 490 元的 $B_1$。$FB_1$ 表示 100 元，是李所得的。

至于计算的方法，由作图法可以看得非常明白：

$$\left[\,490^{元}+30^{元}+\ 30^{元}\ +(30^{元}\ +\ 20^{元})\,\right]\div\left[\,1\,+\,\frac{2}{3}\,+\,(\,1\,+\,\frac{2}{3}\,)+(\,1\,+\,\frac{2}{3}\,)\times\frac{2}{3}\,\right]$$

$$\begin{array}{ccccccccc}
\vdots & \vdots & \vdots & \vdots & \vdots & \vdots & \vdots & \vdots & \vdots \\
OB_1 & B_1B_2 & B_2B_3 & B_3B_4 & B_4B_5 & OA_1 & A_1A_2 & A_2A_3 & A_3A_4
\end{array}$$

$$=600^{元}\div\frac{40}{9}=135^{元}\cdots\cdots钱所得的。$$

$$\begin{array}{ccc}
\vdots & \vdots & \vdots \\
OB_5 & OA_4 & OC
\end{array}$$

$$135^{元}\times\frac{2}{3}-30^{元}=90^{元}-30^{元}=60^{元}\cdots\cdots赵所得的。$$

$$\begin{array}{ccc}
\vdots & \vdots & \vdots \\
CD & ED & CE
\end{array}$$

$$135^{元}+\ 60^{元}=195^{元}\cdots\cdots孙所得的。$$

$$\begin{array}{ccc}
\vdots & \vdots & \vdots \\
OC & CE & OE\,(EF)
\end{array}$$

$$195^{元}\times\frac{2}{3}-30^{元}=100^{元}\cdots\cdots李所得的。$$

$$\begin{array}{ccc}
\vdots & \vdots & \vdots \\
FB_2 & B_1B_2 & FB_1
\end{array}$$

**例十三** 某人将他所有的存款分给他的三个儿子，小儿子得 $\frac{1}{9}$，老二得 $\frac{1}{4}$，余下的归老大所得。老大比小儿子多得 38 元。这人的存款共有多少？三子各得多少？

这题是一个同学提出来的，其实和例九只是面目不同罢了。马先生虽然也很仔细地给他做了解释，我只将图的作法记在这里。

取 $OA$ 表示某人的存款 1。从 $A$ 起截去 $OA$ 的 $\frac{1}{4}$ 得 $A_1$，$AA_1$ 表老二得的。

从 $A_1$ 起截去 $OA$ 的 $\frac{1}{9}$ 得 $A_2$，$A_1A_2$ 表小儿子得的。自然 $A_2O$ 就是老大所得的了。

从 $A_2$ 起截去 $A_1A_2$（$\frac{1}{9}$）得 $A_3$，$A_3O$ 表示老大比小儿子多得的，相当于38元（$OB_1$）。

连 $A_3B_1$，作 $A_2B_2$、$A_1B_3$ 和 $AB$ 平行于 $A_3B_1$。——这个人的存款是 72 元，老大得 46 元，老二得 18 元，小儿子得 8 元。

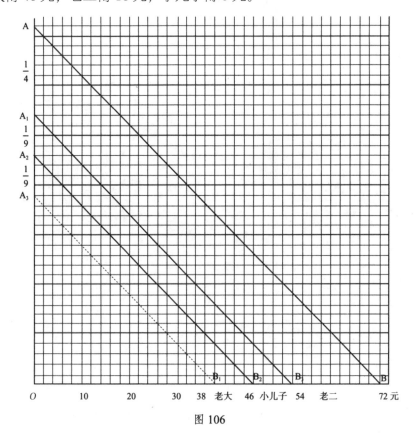

图 106

例十四　弟弟的年纪比哥哥的小 3 岁，又是哥哥的 $\frac{5}{6}$，求各人的年纪。

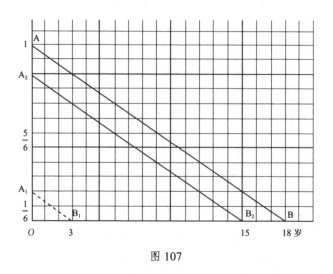

图 107

这题和例六在算理上完全一样。我只把图画在这里，并且将算式写出来。

$$3^{岁} \div \left(1 - \frac{5}{6}\right) = 3^{岁} \div \frac{1}{6} = 18^{岁} \cdots\cdots 哥哥的。$$

$$\begin{matrix} \vdots & \vdots & \vdots & & \vdots & \vdots \\ OB_1 & OA & A_1A & & OA_1 & OB \end{matrix}$$

$$18^{岁} \quad - \quad 3^{岁} \quad = \quad 15^{岁} \cdots\cdots 弟弟的。$$

$$\begin{matrix} \vdots & \vdots & \vdots \\ OB & OB_1 \,(B_2B) & OB_2 \end{matrix}$$

例十五 某人 4 年前的年纪，是 8 年后的年纪的 $\frac{3}{7}$，求此人现在的年纪。

要点！要点！马先生写好了题，就叫我们找它的要点。我仔细揣摩一番，觉得题上所给的是某人 4 年前和 8 年后两个年纪的关系。先从这点下手，自然直接一些。周学敏和我的意见相同，他向马先生说了他的观点。马先生也认为对。根据这要点，我得出下面的作图法：

取 $OA$ 表某人 8 年后的年纪 1。从 $A$ 截去它的 $\frac{3}{7}$，得 $A_1$，则 $OA_1$ 就是某人 8 年后和 4 年前两个年纪的差，相当于 4 岁（$OB_1$）加上 8 岁（$B_1B_2$），得 $B_2$。

连 $A_1B_2$，作 $AB$ 平行于 $A_1B_2$。$B$ 指的 21 岁，便是某人 8 年后的年纪。

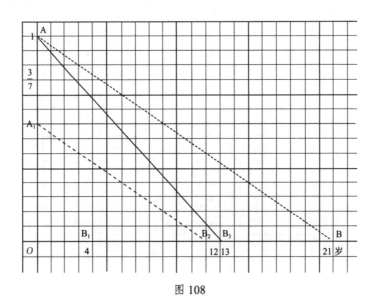

图 108

从 $B$ 退回 8 年，得 $B_3$。它指的是 13 岁，就是某人现在的年纪。4 年前，他是 9 岁，正好是他 8 年后 21 岁的 $\frac{3}{7}$。

这样一来，算法自然就有了：

$$( 4^{岁} + 8^{岁} ) \div ( 1-\frac{3}{7} ) - 8^{岁} = 12^{岁} \div \frac{4}{7} - 8^{岁} = 21^{岁} - 8^{岁} = 13^{岁}$$

$$\vdots \qquad \vdots \qquad \vdots \quad \vdots \qquad \vdots \qquad \vdots \qquad \vdots \quad \vdots \qquad \vdots \qquad \vdots \qquad \vdots$$

$$OB_1 \quad B_1B_2 \quad OA \; A_1A \; B_3B \qquad OB_2 \qquad OA_1 \quad B_3B \quad OB \qquad B_3B \qquad OB_3$$

例十六　兄比弟大 8 岁，12 年后，兄年比弟年的 $1\frac{3}{5}$ 倍少 10 岁，求各人现在的年纪。

"又要来一次李太公分牛了。"经马先生这么一说，我就想到，解决本题得虚加一个数进去。从另一方面设想，兄比弟大 8 岁，这个差，是"一成不变"的。题目上所给的是两兄弟 12 年后的年纪的关系，为了直接一点，自然应当从 12 年后他们的年纪着手。这一来，好了，假如兄比弟大 10 岁——这就是要虚加进去的——那么，在 12 年后，他的年纪正是弟的年纪的 $1\frac{3}{5}$ 倍。

作图法是这样：

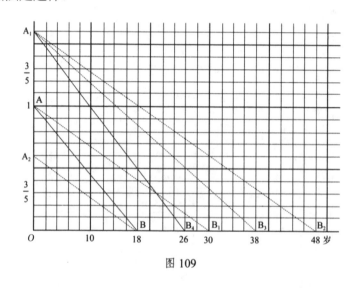

图 109

取 $OA$ 作 12 年后弟弟年纪的 1。取 $AA_1$ 等于 $OA$ 的 $\frac{3}{5}$，则 $OA_1$ 便是 12 年后，又加上 10 岁的兄年。取 $OA_2$ 等于 $AA_1$，它便是 12 年后——当然也就是现在——兄加上 10 岁时，两人年纪的差，相当于 18 岁（$OB$）。

连 $A_2B$，作 $AB_1$ 和它平行。$B_1$ 指 30 岁，是弟 12 年后的年纪。从它减去 12 岁，得 $B$，就是弟现年 18 岁。

作 $A_1B_2$ 平行于 $A_2B$。$B_2$ 指 48 岁，是兄 12 年后，又加上 10 岁的年纪。减去这 10 岁，得 $B_3$，指 38 岁，是兄 12 年后的年纪。再减去 12 岁，得 $B_4$，指 26 岁，是兄现在的年纪。——正和弟的现年 18 岁加上 8 岁相同，真是巧极了！

算法是这样：

$$( 8^{岁} + 10^{岁} ) \div ( 1\frac{3}{5} - 1 ) \quad - 12^{岁} = 18^{岁} \div \frac{3}{5} - 12^{岁} = 30^{岁} - 12^{岁} = 18^{岁} \cdots\cdots$$

弟年。

$$\vdots \qquad \vdots \quad \vdots \qquad \vdots \qquad\qquad\qquad \vdots \qquad \vdots \qquad \vdots$$

$$OB \qquad OA_1 \; A_1A_2 \; (OA) \; BB_1 \qquad\qquad OB_1 \quad BB_1 \quad OB$$

$$18^{岁} + 8^{岁} = 26^{岁} \cdots\cdots 兄年。$$

$$\vdots \qquad \vdots \qquad \vdots$$

$$OB \; BB_4 \; OB_4$$

例十七　甲、乙两校学生共有 372 人，其中男生是女生的 $\frac{35}{27}$。甲校女生是男生的 $\frac{4}{5}$，乙校女生是男生的 $\frac{7}{10}$，求两校学生的数目。

王有道提出这个题，请求马先生指示他画图的方法。马先生想了一想，说道：

"要用一个简单的图，表示出这题中的关系和结果，是很困难的。因为这个题本可分成两段看：前一段，是男女学生总人数的关系；后一段只说各校中男女学生人数的关系。既不好用一个图表示，就索性不用图吧！现在，我们不妨化大事为小事再化小事为无事。第一步，先解决题目的前一段。两校的女生共有多少人？"

这当然是很容易的：

$$372^{人} \div ( 1 + \frac{35}{27} ) = 372^{人} \div \frac{62}{27} = 162^{人}$$

"男生共有多少？"马先生见我们得出女生的人数以后问道。

不用说，这更容易了：

$$372^{人} - 162^{人} = 210 人$$

"好！现在题目已变得简单一点了。我们来做第二步，为了方便思考，我们说甲校学生的数目是甲，乙校学生的数目是乙。——再把题目更改一下。

甲校女生是男生的 $\dfrac{4}{5}$，那么，女生和男生各占全校的几分之几？"

"把全校的学生看成 1，里面有 1 倍男生，和 1 倍女生——等于 $\dfrac{4}{5}$ 倍男生，所以男生所占的分数是：

$$1 \div (1 + \dfrac{4}{5}) = 1 \div \dfrac{9}{5} = \dfrac{5}{9}$$

女生所占的分数是：

$$1 - \dfrac{5}{9} = \dfrac{4}{9}$$ "。

王有道回答完以后，马先生说：

"其实用不着这样小题大做。题目上说，女生是男生的 $\dfrac{4}{5}$，那么甲校若有 5 个男生，应当有几个女生？"

"4 个。"周学敏答。

"好，一共是几个学生？"

"9 个。"周学敏又回答。

"这不是男生占 $\dfrac{5}{9}$，女生占 $\dfrac{4}{9}$ 了吗？——乙校的呢？"

"男生占 $\dfrac{10}{17}$，女生占 $\dfrac{7}{17}$。"还不等周学敏说，我就回答了。

"这么一来。"马先生说，"我们可以把题目改成这样了：甲的 $\dfrac{5}{9}$ 加乙的 $\dfrac{10}{17}$，共是 210（1）；甲的 $\dfrac{4}{9}$ 加乙的 $\dfrac{7}{17}$，共是 162（2）。甲、乙各是多少？"

到这一步，题目自然比较简单了，但是关于算法我还是想不清楚。

"再单独就（1）来想想看。"马先生说，"化大事为小事，$\dfrac{5}{9}$ 的分子 5，$\dfrac{10}{17}$ 的分子 10，以及 210，都可用什么数除尽？"

"5！"两三个人高声回答。

"就拿这个 5 去把它们都除一下，结果会怎样？"

"变成甲的 $\frac{1}{9}$，与乙的 $\frac{2}{17}$，共是 42。"王有道说。

"你们又把 4 与它们都乘一下看看。"

"变成甲的 $\frac{4}{9}$，与乙的 $\frac{8}{17}$，一共是 168。"周学敏说。

"把这结果和上面的（2）比较一下，你们应当可以得出计算的方法来了。今天在解题上已耗了很多时间，你们自己去把结果算出来吧！"马先生疲惫地走出课堂。

对于（1）为什么先用 5 去除，又为什么再用 4 去乘，我原来不很明白。后来，把这最后的结果和（2）比较一看，这才恍然大悟。原来两个当中的甲都是 $\frac{4}{9}$ 了。先用 5 除，是找含有甲的 $\frac{1}{9}$ 的数，再用 4 乘，便是使这结果所含的甲和（2）所含的相同。相同！相同！甲的是相同了，但乙的还不相同。

又转念一想，

168 当中，含有 $\frac{4}{9}$ 个甲，$\frac{8}{17}$ 个乙；

162 当中，含有 $\frac{4}{9}$ 个甲，$\frac{7}{17}$ 个乙。

若把它们一个对一个地来相减，那就得到：

168 － 162 ＝ 6

$\frac{4}{9}$ 个甲减去 $\frac{4}{9}$ 个甲，结果没有甲了。

$\frac{8}{17}$ 个乙减去 $\frac{7}{17}$ 个乙，还剩 $\frac{1}{17}$ 个乙——它正和人数相当。所以得出：

6人 ÷ $\frac{1}{17}$ ＝ 102人……乙校的学生数。

372人 － 102人 ＝ 270人……甲校的学生数。

这结果，是否可靠，我有点不敢下判断，只好检查一下：

$$270^{人} \times \frac{5}{9} = 150^{人} \cdots\cdots 甲校的男生, 270^{人} \times \frac{4}{9} = 120^{人} \cdots\cdots 甲校的女生。$$

$$102^{人} \times \frac{10}{17} = 60^{人} \cdots\cdots 乙校的男生, 102^{人} \times \frac{7}{17} = 42^{人} \cdots\cdots 乙校的女生。$$

$$150^{人} + 60^{人} = 210^{人} \cdots\cdots 两校的男生，120^{人} + 42^{人} = 162^{人} \cdots\cdots 两校的$$
女生。

最后的结果，和前面第一步所得出来的完全一样！

## 24 显出原形

今天所讲的是前面所说的第三类，单纯关于分数自身变化的问题，大都是根据题中已给出的条件，找出原分数来，所以，我就给它这么一个标题——显出原形。

"先从前面举过的例子说起。"马先生说了这么一句，就在黑板上写出：

例一　有一分数，其分母加 1，则可约为 $\frac{3}{4}$，其分母加 2，则可约为 $\frac{2}{3}$，求原分数。

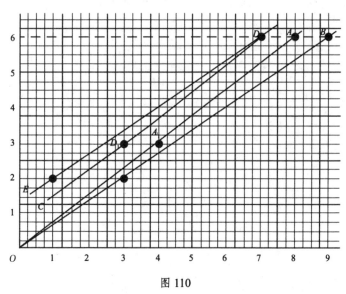

图 110

"有理无理，从画线起。"马先生这样说，就叫各人把表示 $\frac{3}{4}$ 和 $\frac{2}{3}$ 的线画出来。我们只好遵命照办，画 $OA$ 表示 $\frac{3}{4}$，$OB$ 表示 $\frac{2}{3}$。可是，等画完了，大家不知该怎么解题。

"很简单的事情，往往会向很难的路上去想，弄得此路不通。"马先生微笑着说，"$OA$ 表 $\frac{3}{4}$，不错，但 $\frac{3}{4}$ 是哪儿来的呢？我替你们回答吧，原分数的分母加上 1 来的。假使原分母不加上 1，画出来当然不是 $OA$ 了。现在，我们来画一条横向和 $OA$ 相距 1 的平行线 $CD$。$CD$ 若是表示分数的，那么，它和 $OA$ 上所表示的分子相同的分数，如 $D_1$ 和 $A_1$（分子都是 3），它们俩的分母有怎样的关系？"

"相差 1。"我回答。

"这两直线上所有的同分子分数，它们俩的分母间的关系都一样吗？"

"都一样！"周学敏说。

"可见我们正在求的分数，总在 $CD$ 线上。对于 $OB$ 又应当怎样？"

"作 $ED$ 和 $OB$ 平行，横方向相距 2。"王有道说。

"对的！原分数是什么？"

"$\frac{6}{7}$，就是 $D$ 点所代表的。"大家都非常高兴地说。

"和它分子相同，$OA$ 线所表示的分数是什么？"

"$\frac{6}{8}$，就是 $\frac{3}{4}$。"周学敏说。

"$OB$ 线所表示的同分子的分数呢？"

"$\frac{6}{9}$，就是 $\frac{2}{3}$。"我说。

"这两个分数的分母比较原分数的分母怎样？"

"一个多 1，一个多 2。"由此可以见得，所求出的结果，是不容怀疑的了。

这个题的计算法，马先生引导我们这样想：

"分母加上1，分数变成了$\frac{3}{4}$，分母是分子的多少倍？"

我想，假如分母不加1，分数就是$\frac{3}{4}$，那么，分母当然是分子的$\frac{4}{3}$倍。由此可知，分母是比分子的$\frac{4}{3}$差1。对了，从第二个条件说，分母就比分子的$\frac{3}{2}$少2。

两个条件凑合起来，便得到：分子的$\frac{4}{3}$和$\frac{3}{2}$相差的是2和1的差。所以：

$$（2-1）\div（\frac{3}{2}-\frac{4}{3}）=1\div\frac{1}{6}=6 \quad\cdots\cdots分子。$$
$$\vdots \quad \vdots \qquad \vdots \quad \vdots \qquad \vdots \quad \vdots$$
$$DB \quad DA \qquad 09 \quad 08 \qquad AB \quad 89$$

$$6\times\frac{4}{3}-1=8-1=7 \quad\cdots\cdots分母。$$

例二 有一分数，分子加1，则可约成$\frac{2}{3}$，分母加1，则可约成$\frac{1}{2}$，求原分数。

这次，又用得着依样画葫芦了。

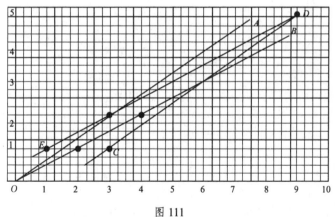

图111

先作 $OA$ 和 $OB$ 分别表示 $\frac{2}{3}$ 和 $\frac{1}{2}$。再在纵线 $OA$ 的下面，和它距 1，作平行线 $CD$。又在 $OB$ 的左边，和它距 1，作平行线 $ED$，同 $CD$ 交于 $D$。

$D$ 指出原分数是 $\frac{5}{9}$。——分子加 1，成 $\frac{6}{9}$，即 $\frac{2}{3}$；分母加 1，成 $\frac{5}{10}$，即 $\frac{1}{2}$。

由第一个条件，知道分母比分子的 $\frac{3}{2}$ 倍"多" $\frac{3}{2}$。

由第二个条件，知道分母比分子的 2 倍"少" 1。

所以：

$$( \frac{3}{2} + 1 ) \div ( 2 - \frac{3}{2} ) = \frac{5}{2} \div \frac{1}{2} = 5 \quad \cdots\cdots 分子。$$

$$5 \times \frac{3}{2} + \frac{3}{2} = \frac{15}{2} + \frac{3}{2} = \frac{18}{2} = 9$$

**例三** 某分数，分子减去 1，或分母加上 2，都可约成 $\frac{1}{2}$，原分数是什么？

这个题目，真有些妙！就作图法说：因为分子减去 1 或分母加上 2，都可约成 $\frac{1}{2}$，和前两题比较，表示分数的两条线 $OA$ 同 $OB$，当然并成了一条 $OA$。又因为分子是"减去"1，作 $OA$ 的平行线 $CD$ 时，就得和前题的相反，需画在 $OA$ 的上面。然而这样一来，却有些使我迷糊了。依第二个条件所作的线，也就是 $CD$，方法虽没有错，但结果呢？

马先生看我们作好图以后，问道："你们求出来的原分数是什么？"

我真不知道怎样回答，周学敏却回答是 $\frac{3}{4}$。这个答数当然是对的，图中的 $E_2$ 就表明是 $\frac{3}{4}$；并且分子减去 1，得 $\frac{2}{4}$，分母加上 2，得 $\frac{3}{6}$，约分后都是 $\frac{1}{2}$。但 $E_1$ 所代表的 $\frac{2}{2}$，分子减去 1 得 $\frac{1}{2}$，分母加上 2 得 $\frac{2}{4}$，约分后一样地

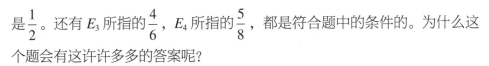

是 $\frac{1}{2}$。还有 $E_3$ 所指的 $\frac{4}{6}$，$E_4$ 所指的 $\frac{5}{8}$，都是符合题中的条件的。为什么这个题会有这许许多多的答案呢？

马先生听了周学敏的回答，便问，还有别的答数没有。我们你说一个，他说一个，把 $\frac{2}{2}$，$\frac{4}{6}$ 和 $\frac{5}{8}$ 都说了出来。最奇怪的是，王有道的回答是 $\frac{11}{20}$。

不错，分子减去 1 得 $\frac{10}{20}$，分母加上 2 得 $\frac{11}{20}$，约分以后，都是 $\frac{1}{2}$。我的图画得小了一点，在上面找不出来。不过王有道的图，比我的也大不了多少，上面也没有指示 $\frac{11}{20}$ 的这一点。他从什么地方得出来的呢？

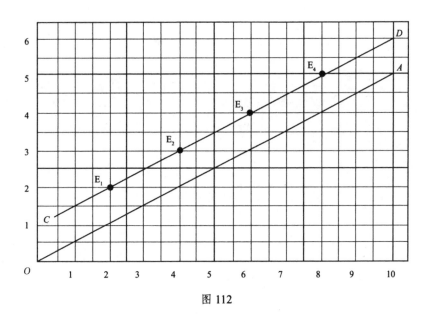

图 112

马先生似乎也觉得奇怪，问王有道：

"这 $\frac{11}{20}$，你从什么地方得出来的？"

"偶然想到的。"他这样回答。他也许说的是真话，我却感到失望。马先生！马先生！只好静候他来解释这个谜了。

"这个题，你们已说了五个答数，"马先生说，"其实你们要多少个都有，比如说，$\frac{6}{10}$，$\frac{7}{12}$，$\frac{8}{14}$，$\frac{9}{16}$，$\frac{10}{18}$……都是。你们以前没有碰到这样的事，会觉得奇怪，是不是？但有这样的事，自然就应当有这样的理。这点，倒用得着'见怪不怪，其怪自败'这句老话了。一切的怪事都不怪，所怪的只是我们还不曾知道它。无论怎样怪的事，我们把它弄明白以后，它就变得极平常了。现在，你们先不要'大惊小怪'的。试把你们和我说过的答数，依着分母的大小，顺次排起来。"

遵照马先生的话，我把这些分数排起来，得到这样一串：

$$\frac{2}{2}，\frac{3}{4}，\frac{4}{6}，\frac{5}{8}，\frac{6}{10}，\frac{7}{12}，\frac{8}{14}，\frac{9}{16}，\frac{10}{18}，\frac{11}{20}。$$

这一串分数我马上就看出来：

第一，分母是一串连续的偶数。

第二，分子是一串连续的整数。

照这样推下去，当然 $\frac{12}{22}$，$\frac{13}{24}$，$\frac{14}{26}$……都对，真像马先生所说的，"要多少个都有"。我所看出来的情形，大家一样看了出来。

马先生望了望大家，说道：

"现在你们可算得已看到'有这样的事'了，我们应当进一步，来找之所以'有这样的事'的'理'。不过你们姑且把这问题'按下不表'，先讲本题的计算法。"

跟着前两个题下来，这是很容易的。

由第一个条件，分子减去 1，可约成 $\frac{1}{2}$，得出分母等于分子的 2 倍少 2。

由第二个条件，分母加上 2，也可约成 $\frac{1}{2}$，得出分母加上 2 等于分子的

2 倍。

呵！到这一步，我才恍然大悟，真感受到"拨开云雾见青天"一般的快乐！原来半斤和八两没有两样。这两个条件，"分母等于分子的 2 倍少 2"和"分母加上 2 等于分子的 2 倍"，只是一个——"分子等于分母的一半加上 1"。前面所举出的一串分数，都符合这个条件。也就为了这样，所以那一串分数的分母都是"偶数"，而分子是一串连续的整数。这样一来，随便用一个"偶数"做分母，都可以找出一个符合题意的分数来。例如用 100 做分母，它的一半是 50，加上 1，是 51，即 $\frac{51}{100}$，分子减去 1 得 $\frac{50}{100}$，分母加上 2，得 $\frac{51}{102}$。约分下来，它们都是 $\frac{1}{2}$。这是多么简单明白的道理！

假如，我们用"整数的 2 倍"表示"偶数"，这个题的答数就是这样一个形式的分数：

$$\frac{某整数 + 1}{2 \times 某整数}$$

这个情形，在图上怎样解释呢？我想起来了！在交差原理中有这样的话：

"两线不止一个交点会怎么样？"

"那就是这题不止一个答案。"

这里，两线合成了一条，自然可说有无穷的交点，而解答也是无数的了。

真的！正如马先生所言，"把它弄明白以后，它就变得极平常了"。

例四　从 $\frac{15}{23}$ 的分母和分子中减去同一个数，则可约成 $\frac{5}{9}$，求所减去的数。

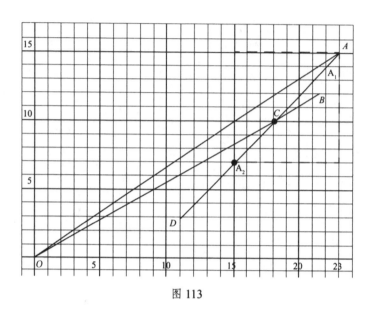

图 113

因为题上说的有两个分数，我们首先就把表示它们的两条直线 $OA$ 和 $OB$ 画出来。$A$ 点所指的就是 $\frac{15}{23}$。题目上说的是从分母和分子中减去同一个数，可约成 $\frac{5}{9}$，我就想到在 $OA$ 的上、下都要画一条平行线，并且它们距 $OA$ 相等。——呵！我又走入迷魂阵了！减去的是什么数还不知道，这平行线，怎样画法呢？这个困难大家都意识到了，最后还是由马先生来解决。

"这回不能依葫芦画瓢了。"马先生说，"假如你们已经知道了减去的数，照抄老文章，怎样画法？"

我把我所想到的说了出来。马先生接着说：

"这条路走错了，会越走越黑的。现在你来实验一下。实验和观察，是研究一切科学的初步工作，许多发明都是从它产生的。假如从分母和分子各减去 1，得出什么？"

"$\frac{14}{22}$。"我回答。

"各减去 8 呢？"

"$\dfrac{7}{15}$。"我再答道。

"你把这两个分数在图上记出来，看它们和代表 $\dfrac{15}{23}$ 的 $A$ 点，有什么关系？"

我点出 $A_1$ 和 $A_2$，一看，它们都在经过小方格的对角线 $AD$ 上。我就把它们连起来，这条直线和 $0B$ 交在 $C$ 点。$C$ 所指的分数是 $\dfrac{10}{18}$，分母和分子比 $\dfrac{15}{23}$ 的都差 5，而约分以后正是 $\dfrac{5}{9}$。原来所减去的数，当然是 5。结果是得出来了，但是，为什么这样一画，就可得出来了呢？

关于这一点，马先生的说明是这样的：

"从原分数的分母和分子中'减去'同一的数，所得的数用点表出来，如 $A_1$ 和 $A_2$。就分母说，当然要在经过 $A$ 这条纵线的'左'边；就分子说，要在经过 $A$ 这条横线的'下'面。并且，因为减去的是'同一'的数，所以这些点到这纵线和横线的距离相等。这两条线可以看成是正方形的两边。正方形的对角线，无论哪一点到两边的距离都一样长。反过来，到正方形的两边距离一样长的点，也都在这对角线上。所以，我们只要画 $AD$ 这条对角线就行了。它上面的点到经过 $A$ 的纵线和横线距离既然相等，则这点所表示的分数的分母和分子与 $A$ 点所表示的分数的分母和分子，所差的当然相等了。"

现在回到本题的算法。分母和分子所减去的数相同，换句话说，便是它们的差是一定的。这样一来，就和第八节中所讲的年龄的关系相同了。我们可以设想为：

兄年 23 岁，弟年 15 岁，多少年前，兄年是弟年的 $\dfrac{9}{5}$（因弟年是兄年的 $\dfrac{5}{9}$）？

它的算法便是：

$$15-（23-15）\div（\frac{9}{5}-1）=15-8\div\frac{4}{5}=15-10=5$$

例五　有大小两数，小数是大数的 $\frac{2}{3}$，若两数各加 10，则小数为大数

的 $\frac{9}{11}$，求各数。

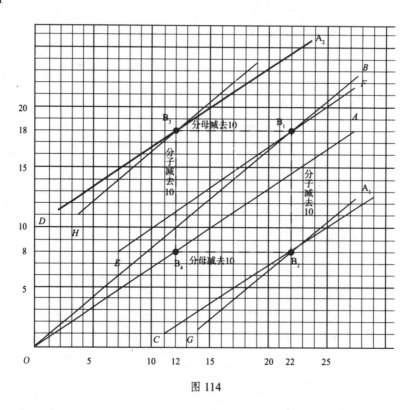

图 114

"我用这个容易的题目来结束分数的四则计算问题，你们自己先画个图看。"马先生说。

容易！听了这"容易"两个字，反而使我莫名其妙了。我先画 $OA$ 表 $\frac{2}{3}$，

又画 $OB$ 表 $\frac{9}{11}$。因为照题目所说，小数是大数的 $\frac{2}{3}$，我就把小数看成分子，

大数看成分母，这个分数可约成$\frac{2}{3}$。两数各加上 10，则小数为大数的$\frac{9}{11}$。这就是说，原分数的分子和分母各加上 10，则可约成$\frac{9}{11}$。——再在 $OA$ 的右边，相隔 10 作 $CA_1$ 和它平行，又在 $OA$ 的上面，相隔 10 作 $DA_2$ 和它平行。我想着，$CA_1$ 表示分母加了 10，$DA_2$ 表示分子加了 10，它们和 $OB$ 一定有什么关系，可以用这关系来决定所找的答案。但是，我哪里知道，三条直线各不相干！容易？我却失败了！

　　我硬着头皮去请教马先生。他就说："这又是'六窍皆通'了。$CA_1$ 既表示分母加了 10 的分数，再把这分数的分子也加上 10，不是应和 $OB$ 所表的分数相同了吗？"

　　我听了还是有点摸不着头脑。只知道我的 $DA_2$ 这条线，是不必画的。另外，应当在 $CA_1$ 的上边相隔 10 作一条平行线。我将这条线 $EF$ 作出来，就和 $OB$ 有了一个交点 $B_1$。它指的分数是$\frac{18}{22}$，从它的分子中减去 10，得 $CA_1$ 上的 $B_2$ 点，它指的分数是$\frac{8}{22}$。所以，不作 $EF$，而作 $GB_2$ 平行于 $OB_1$ 表示从 $OB$ 所表的分数的分子减去 10，也是一样。$GB_2$ 和 $CA_1$ 交于 $B_2$，又从这分数的分母减去 10，得 $OA$ 上的 $B_4$ 点，它指的分数是$\frac{8}{12}$。这个分数约下来正好是$\frac{2}{3}$。小数 8，大数 12，就是所求的数了。

　　其实，就图看一下，$DA_2$ 这条线也未尝不可用。$EF$ 也和它平行，在 $EF$ 的左边相隔 10。$DA_2$ 表示原分数的分子加上 10 的分数，$EF$ 就表示这个分数的分母也加上 10 的分数。自然，这也就是 $B_1$ 点所指的分数$\frac{18}{22}$了。由 $B_1$ 的分母减去 10 得 $DA_2$ 上的 $B_3$，它指的分数是$\frac{18}{12}$。由 $B_3$ 指的分数的分子减去 10，还是得 $B_4$。本来若不作 $EF$，而在 $OB$ 的左边相距 10，作 $HB_3$ 和 $OB$ 平行，交 $DA_2$ 于 $B_3$ 也是可以的。这可真算是左右逢源了！

至于计算法倒是容易的：

"两数各加上 10，则小数为大数的 $\dfrac{9}{11}$，"换句话说，便是小数加上 10 等于大数的 $\dfrac{9}{11}$ 加上 10 的 $\dfrac{9}{11}$。而小数等于大数的 $\dfrac{9}{11}$，加上 10 的 $\dfrac{9}{11}$，减去 10。但由第一个条件说，小数只是大数的 $\dfrac{2}{3}$。可知，大数的 $\dfrac{9}{11}$ 和它的 $\dfrac{2}{3}$ 的差，是 10 和 10 的 $\dfrac{9}{11}$ 的差。所以：

$$( 10-10\times\dfrac{9}{11} )\div( \dfrac{9}{11}-\dfrac{2}{3} )=( 10-\dfrac{90}{11} )\div( \dfrac{9}{11}-\dfrac{2}{3} )$$

$$=\dfrac{20}{11}\div\dfrac{5}{33}=12 \quad\cdots\cdots 大数。$$

$$12\times\dfrac{2}{3}=8 \quad\cdots\cdots 小数。$$

## 25 从比到比例

"这次我们要讲一堂新的内容。"马先生进了课堂就说，"我先问你们，什么叫作比。"

"比就是比较。"周学敏说。

"那么，王有道比你高，李大成比你胖，我比你年纪大，这些都是比较，也就都是你所说的比了？"马先生问。

"不是的，"王有道说，"比，是说一个数或量是另一个数或量的多少倍或几分之几。"

"对的，这种说法是对的。不过照前面我们所说过的，若把倍数的意义放宽些，一个数的几分之几，和一个数的多少倍，实在没有什么根本差别。依照这种说法，我们当然可以说，一个数或量是另一个数或量的多少倍，就可称为它们的比。求倍数用的是除法，现在我们将除法、分数和比，这三项作一个比较，列表如下："

除法 —— 被除数 —— 除数 —— 商数

分数 —— 分子 —— 分母 —— 分数的值

比 —— 前项 —— 后项 —— 比值

　　这样一来，比的许多性质和计算法，都可以从除法和分数中推出来了。

　　"比例是什么？"马先生讲明了比的意义，略一停顿，看看大家都没有什么疑问，接着问道。

　　"四个数或量，若两个两个所成的比相等，就说这四个数或量成比例。"王有道说。

　　"那么，成比例的四个数，用图线表示，是什么情形？"马先生对于王有道的回答，大约是默认了。

　　"一条直线。"我想着，比和分数相同，两个比相等，自然和两个分数相等一样，它们应当在一条直线上。

　　"不错！"马先生说，"我们还可以说，一条直线的任意两点，到纵线和横线的长总是成比例的。虽然我们现在还没有加以普遍地证明，由前面分数中的说明，不妨先承认它。"接着他又说：

　　"四个数或量所成的比例，我们叫作简比例。简比例有几种？"

　　"两种：正比例和反比例。"周学敏回答。

　　"正比例和反比例有什么不同？"马先生问。

　　"四个数或量所成的两个比相等的，叫作成正比例。一个比和另外一个比的倒数相等的，叫作成反比例。"周学敏回答。

　　"反比例，我们暂时放一放。单看正比例，你们举一个例子出来看。"马先生说。

　　"一个人每小时走六里路，两小时就走十二里，三小时就走十八里——时间和距离同时变大、变小，它们就成正比例。"王有道说。

　　"对不对？"马先生问。

　　"对！"好几个人回答。我也觉得是对的，不过既然马先生提出来问，我想着一定有什么不妥当了，所以没有说话。

　　"对是对的，不过不够精确。"马先生批评说，"譬如，一个数和它的平方数，1和1，2和4，3和9，4和16……都是同时变大、变小，它们成正比例么？"

"不！"周学敏说，"因为 1 比 1 是 1，2 比 4 是 $\frac{1}{2}$，3 比 9 是 $\frac{1}{3}$，4 比

16 是 $\frac{1}{4}$……全不相等。"

"可见四个数或量成正比例，不单是成比的两个数或量同时变大、变小，还要所变大或变小的倍数相同。这一点是一般人常常忽略的，所以他们常常会乱用'成正比例'这个说辞。比如说，圆周和圆面积都是随着圆的半径一同变大、变小的，但圆周和圆半径成正比例，而圆面积和圆半径就不成正比例。"

关于正比例的计算，马先生说，因为都很简单，不再举例，他只把可以看出正比例的应用的计算法提出来。

第一，关于寒暑表的计算。

例一　摄氏寒暑表上的 20 度，是华氏寒暑表上的几度。

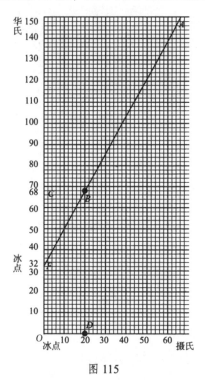

图 115

"这题的要点是什么？"马先生问。

"两种表上的度数成正比例。"周学敏说。

"还有呢？"马先生又问。

"摄氏表的冰点是零度，沸点是100度；华氏表的冰点是32度，沸点是212度。"一个同学回答。

"那么，它们两个的关系怎样用图线表示呢？"马先生问。

这本来没有什么困难，我们想了一会，就都会画了。纵线表示华氏的度数，横线表示摄氏的度数。因为从冰点到沸点，它们度数的比是：

（212－32）：100＝180：100＝9：5

所以，从华氏的冰点 $F$ 起，依照纵9横5的比画 $FA$ 线，就表明了它们之间的关系。

从20摄氏度，往上看得到 $B$ 点，由 $B$ 横看得到华氏的68度，这就是所求度数。

用比例计算，是：

$$（212－32）：100＝x：20$$

$$\vdots \qquad\quad \vdots\ \ \vdots$$

$$OF \qquad\quad FC\ OD$$

$$\therefore x = \frac{212-32}{100} \times 20 = \frac{180}{5} = 36$$

$$36\ +\ 32 = 68$$

$$\vdots\quad\ \ \vdots\quad\ \vdots$$

$$FC\quad\ OF\ OC$$

照四则问题的算法，一般的式子是：

华氏度数＝摄氏度数 $\times \dfrac{9}{5} + 32°$

如果华氏度数变成摄氏度数，结果自然是相似的了：

摄氏度数 =（华氏度数 − 32°）× $\dfrac{5}{9}$

第二，度量单位转化的问题。

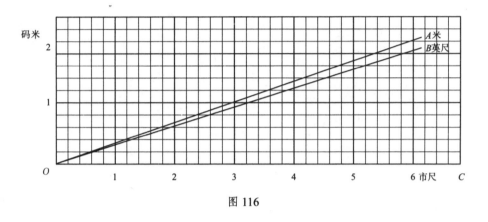

图 116

马先生说，不同的度量单位互相转化，也只是正比例的问题。例如米、市尺和英尺的关系，若用图 116 表示出来，那真是一目了然。图中的 *OA* 表米，*OB* 表英尺，*OC* 表市尺。市尺 3 尺等于 1 米，而英尺 3 尺——1 码——比 1 米还差一些。

第三，百分法。

例一　通常的火药，20 磅中，有硝石 15 磅，硫黄 2 磅，木炭 3 磅，这三种原料各占火药的百分之几？

马先生叫我们先把这三种原料各占火药的几分之几计算出来，并且画图表明。这自然是很容易的：

硝石：$\dfrac{15}{20} = \dfrac{3}{4}$，硫黄：$\dfrac{2}{20} = \dfrac{1}{10}$，木炭：$\dfrac{3}{20}$

在图 117 上，*OA* 表示硝石和火药的比，*OB* 表示硫黄和火药的比，*OC* 表示木炭和火药的比。

"将这三个分数的分母都化成一百，各分数有什么变化？"我们将图画好以后，马先生问。这也是很容易的：

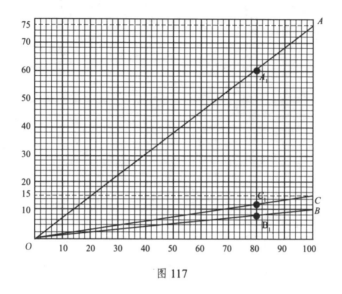

图 117

硝石：$\dfrac{3}{4} = \dfrac{75}{100}$，硫黄：$\dfrac{1}{10} = \dfrac{10}{100}$，木炭：$\dfrac{3}{20} = \dfrac{15}{100}$

这三个分数，就是 $A$、$B$、$C$ 三点所指示出来的。

"百分数，就是分母固定是 100 的分数，所以关于百分数的计算，与分数的以及比的计算也没有什么不同。子数就是比的前项，母数就是比的后项，百分率不过是用 100 做分母时的比值。"马先生把百分法与比这样比较，自然百分法只是比例的应用了。

例二　硫黄 80 磅可造多少火药？要掺多少硝石和木炭？

这个题目极容易，只要由图 117 一看就知道了。在 $OB$ 上，$B_1$ 表示 8 磅硫黄，由 $B_1$ 点往下看，相当于 80 磅火药，往上看，$A_1$ 指示 60 磅硝石，$C_1$ 指示 12 磅木炭。各数变大 10 倍，便是 80 磅硫黄可造 800 磅火药，要掺 600 磅硝石，120 磅木炭。

用比例计算，是这样：

火药：$2 : 80 = 20$ 磅 $: x$ 磅，　　　$x = 800$ 磅，

硝石：$2 : 80 = 15$ 磅 $: x$ 磅，　　　$x = 600$ 磅，

木炭：$2 : 80 = 3 : x$ 磅，　　　　　$x = 120$ 磅，

如果用百分法，便是：

火药：$80^{磅} \div 10\% = 80^{磅} \div \dfrac{10}{100} = 80^{磅} \times \dfrac{100}{10} = 800^{磅}$。

这是求母数。

硝石：$800^{磅} \times 75\% = 800^{磅} \times \dfrac{75}{100} = 600^{磅}$，

木炭：$800^{磅} \times 15\% = 800^{磅} \times \dfrac{15}{100} = 120^{磅}$。

这都是求子数。

用比例与用百分法计算，实在没有什么两样，不过习惯了的时候，用百分法比较简单一点罢了。

例三　定价4元的书，如果加上四成价格卖，卖价多少？

这题的作图法，我起先以为很容易，但一动手，就感到了困难。$OA$ 线表示 $\dfrac{40}{100}$，这个倒不难。但是，由它只能看出卖价是1元加4角（$A_1$），2元加8角（$A_2$），3元加1元2角（$A_3$），和4元加1元6角（$A$）。固然，由此可以知道1元要卖1元4角，2元要卖2元8角，3元要卖4元2角，4元要卖5元6角。但这是算出来的，图上却表示不出来。

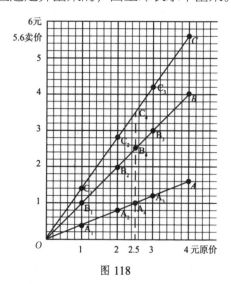

图118

我照这些卖价，作成 $C_1$、$C_2$、$C_3$ 和 $C$ 各点，把它们连起来，得直线 $OC$。由 $OC$ 上的 $C_4$ 看，卖价是 3 元 5 角。往下看到 $OA$ 上的 $A_4$，加的是 1 元。再往下看，原价是 2 元 5 角。这些都是符合题意的。线估计是画对了，不过对于作法，我总觉得不可靠。

周学敏和另外两个同学都和我犯同样的毛病，王有道怎样我不知道。他们拿这问题去问马先生，他的回答是：

"你们是想把原价加到所加的价上面去，弄得没有办法了。何妨反过来，先将原价表出，再把所加的价加上去呢。"

原价本来已经在横线上表示得很明白，怎样再来表示呢？原价！原价！我闷了头尽管想，忽然我想到了，要另外表示的，是照原价卖的卖价。这便成为 1 就是 1，2 就是 2，我就作成了 $OB$ 线。再把 $OA$ 所表示的往上一加，就成了 $OC$。$OC$ 仍旧是 $OC$，这作法却有了根据了。

至于计算法，本题求的是"母子和"。由图上看得很明白，$B_1$、$B_2$、$B_3$……指的是母数；$B_1C_1$、$B_2C_2$、$B_3C_3$……指的是相应的子数；$C_1$、$C_2$、$C_3$……指的便是相应的"母子和"。即：

母子和 = 母数 + 子数

　　　　= 母数 + 母数 × 百分率

　　　　= 母数（1 + 百分率）

一加百分率，就是 $C_1$ 所表的。在本题，卖价是：

$$4^{元} \times （1 + 0.40） = 4^{元} \times 1.40 = 5.6^{元}$$

例四　上海某公司货物，照定价加二出卖。运到某地需加运费五成，某地商店照成本再加二成出卖。上海定价五十元的货，某地的卖价多少？

本题只是前题中的条件多重复两次，可以说不很难。但我动手作图的时候，就碰了一次钉子。我先作 $OA$ 表示百分之二十的百分率，$OB$ 表示母数 1，$OC$ 表示上海的卖价，这些和前题完全相同，当然一点儿不费力。运费是照卖价加五成的，我作 $OD$ 表示百分之五十的百分率以后，却迷路了，不知道怎样将这五成运费加到卖价 $OC$ 上去。要是去请教马先生，他一定会说我"六窍皆通"了。不只我一个人，大家都一样，一面用铅笔在纸上画，一面低着头想。

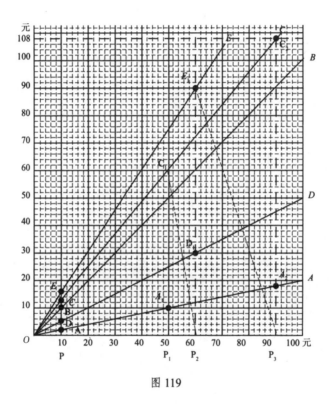

图 119

　　母数！母数！对于运费来说，上海的卖价不是就成了母数吗？"天下无难事，只怕想不通。"这一点想通了，真是再简单不过。将 $OD$ 所表的百分率，加到 $OB$ 所表的母数上去，得 $OE$ 线，它所表示的便是成本。

　　把成本又作母数，再加二成，仍然由 $OC$ 线表示，这就成了某地的卖价。

　　是的！ 50 元（$OP_1$），加二成 10 元（$P_1A_1$），上海的卖价是 60 元（$P_1C_1$）。

　　60 元作母数（$OP_2$），加运费五成 30 元（$P_2D_1$），成本是 90 元（$P_2E_1$）。

　　90 元作母数，$OP_3$ 加二成 18 元（$P_3A_2$），某地的卖价是 108 元（$P_3C_2$）。

　　这算法其实还算容易的。将它和图对照起来，真是有趣味极了！

$$50^{元} \times (1 + 0.20) \times (1 + 0.50) \times (1 + 0.20) = 108^{元}$$

$$
\begin{array}{cccc}
\vdots & \vdots \quad \vdots & \vdots \quad \vdots & \vdots \quad \vdots & \vdots \\
OP_1 & PB \quad PA & PB \quad PD & PB \quad PA & \\
\vdots & PC & PE & PC & P_3C_2 \\
\underbrace{\quad P_1C_1(OP_2)} & & \vdots & & \\
\underbrace{\qquad\qquad P_2E_1(OP_3)} & & & &
\end{array}
$$

例五　某市用十年前的物价作标准，物价指数是 150%，现在定价 30 元的物品，十年前的定价是多少？

"物价指数"，这是一个新鲜名词，马先生解释道：

"简单地说，一个时期的物价对于某一定时期的物价的比，叫作物价指数。不过为了方便，作为标准的某一定时期的物价，算是一百。所以，将物价指数和百分比对照：一定时期的物价，便是母数；物价指数便是（1+百分率），现时的物价便是'母子和'。"

经过这样一解释，我们已懂得：本题是知道了"母子和"，以及 1 加百分率，求母数。

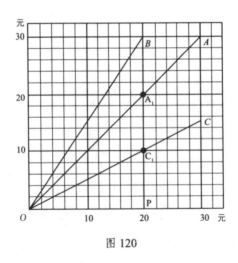

图 120

先作 $OB$ 表示 1 加百分率，150%。再作 $OA$ 表示 1，即 100%。

从纵线 30 那一点，横看到 $0B$ 线得 $B$ 点。由 $B$ 往下看得 20 元，就是十年前的物价。

算法是这样：

$30^元 \div 150\% = 20^元$

这是由例三的公式推出来的：

母数＝母子和 $\div$（1＋百分率）

例六　前题，现在的物价比十年前的涨了多少？

这自然只是求子数的问题了。在图 120 中 $0A$ 线既表的是 100%，就是十年前的物价。所以，$A_1B$ 表示的 10 元，就是所涨的价。因为 $PB$ 是"母子和"，$PA_1$ 是母数，$PB$ 减去 $PA_1$ 就是子数。求子数的公式显然就是：

子数＝母子和－母子和 $\div$（1＋百分率）

例七　十年前定价 20 元的物品，现在定价 30 元，求所涨的百分率和物价指数。

这个题目，是从例五题变化来的。作图的方法当然相同（参考图 120），不过顺序变换一点。先作代表现在物价的 $OB$，再作表示十年前定价的 $OA$。从 $A_1$ 向下截去 $A_1B$ 的长，得 $C_1$。连 $OC_1$，得直线 $OC$，它表示的便是百分率：

$PC_1 : OP = 10 : 20 = 50\%$。

至于物价指数，就是 100% 加上 50%，等于 150%。

计算的公式是：

$$百分率 = \frac{母子和－母数}{母数} \times 100\%$$

例八　定价十五元的货物，作七折出卖，卖价是多少？减去了多少？

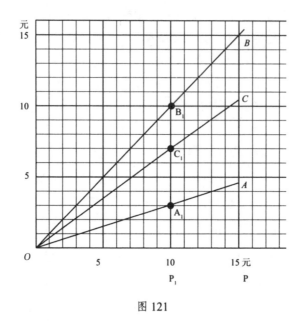

图 121

大约是这些习题比较简单的缘故，我们没有一个人感到有何困难。一方面，不得不说，由于马先生的详加指导，使我们一见着题目就已知道如何找寻它的要点了。一连几道题，差不多都是我们自己作图的，很少依赖马先生。

本题和例三相比较，只这里是减，那里是加，这一点不同。先作表示百分率（30%）的线 $OA$，又作表示原价 1 的线 $OB$。由 $PB$ 减去 $PA$ 得 $PC$，连结 $OC$，它所表示的就是卖价。$CB$ 和 $PA$ 相等，都表示减去的数量。

图上表示得很明白，卖价是 10 元 5 角（$PC$），减去的是 4 元 5 角（$PA$ 或 $CB$）。

在百分法中，这是求"母子差"的问题。由于前面的说明，很容易得出公式：

母子差＝母数 × （1－百分率）
   ⋮     ⋮     ⋮     ⋮

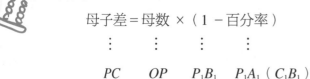

$PC$     $OP$    $P_1B_1$   $P_1A_1$（$C_1B_1$）

本题的解答就是：

$15^{元} \times （1 - 30\%） = 15^{元} \times 0.70 = 10.5^{元}$

例九 八折后再六折与双七折相比，哪一种折去的多？

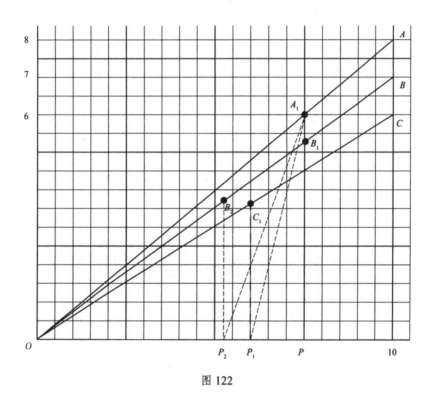

图 122

图 122 中的 $OP$ 表示定价。$OA$ 表示八折，$OB$ 表示七折，$OC$ 表示六折。

$OP$ 八折成 $PA_1$。将它作母数，就是 $OP_1$。$OP_1$ 六折，为 $P_1C_1$。

$OP$ 七折为 $PB_1$。将它作母数，就是 $OP_2$。$OP_2$ 再七折，为 $P_2B_2$。

$P_1C_1$ 较 $P_2B_2$ 短，所以八折后再六折比双七折所折去的更多。

例十 王成之按照定价扣去二成买进的自行车，一年后折旧五成卖出，得三十二元，原定价是多少？

这也不过是多绕一个弯的问题。

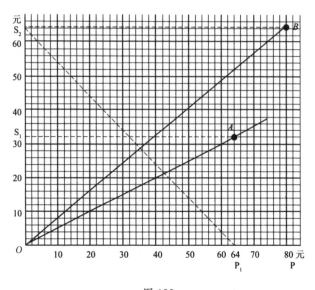

图 123

$OS_1$ 表示第二次卖价 32 元。$OA$ 表示折去五成。$OP_1$，64 元，就是王成之的买价。用它作子数，即 $OS_2$，为原主的卖价。

$OB$ 表示折去二成。$OP$，80 元，就是原定价。

因为求母数的公式是：

母数 = 母子差 ÷（1 - 百分率）

所以算法是：

$32^{元} ÷（1 - 50\%）÷（1 - 20\%）$

$$= 32^{元} ÷ \frac{50}{100} ÷ \frac{80}{100}$$

$$= 32^{元} × 2 × \frac{5}{4} = 80^{元}$$

第四，单利息。

"一百元，一年付十元的利息，利息占本金的百分之几？"马先生写完了标题问。

"百分之十。"我们一起回答。

"这百分之十，叫作年利率。所谓单利息，是利息不再生利的计算法。两年的利息是多少？"马先生问。

"二十元。"一个同学说。

"三年的呢？"

"三十元。"周学敏说。

"十年的呢？"

"一百元。"仍是周学敏说。

"付利息的次数，叫作期数。你们知道求单利息的公式吗？"

"利息等于本金乘以利率再乘以期数。"王有道说。

"好！这就是单利息算法的基础。它和百分法有什么不同？"

"多一个乘数——期数。"我回答。我也想到它和百分法没有什么本质的差别，本金就是母数，利率就是百分率，利息就是子数。

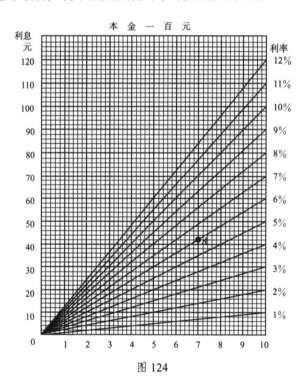

图 124

"所以，对于单利息，我们用不着多讲，只画一个图就可以了。"马先生说。

图也一点不难画，因为无论从本金还是从期数说，利息对它们都是固定倍数（利率）的关系。

图中，横线表示年数，从 1 到 10。

纵线表示利息，0 到 120 元。

本金都是 100 元。

表示利率的线共十二条，依次是从年利 1%，2%，3%⋯⋯到 10%，11% 和 12% 的。

这张表（图 124）的用法，马先生说，并不只限于检查 100 元本金在十年间，每年按利率得到的利息。

本金不是 100 元的，也可由它推算出来。

例一 求本金 350 元，年利 6%，7 年间的利息。

本金 100 元，年利 6%，7 年间的利息是 42 元（$A$）。本金 350 元的利息便是：

$$42^{元} \times \frac{350}{100} = 147^{元}$$

年数不止十年的，也可由它推算出来。并且把年数看成期数，则各种单利都可由它推算。

例二 求本金 400 元，月利 2%，三年的利息。

本金 100 元，利率 2%，十期的利息是 20 元，六期的利息是 12 元，三十期的是 60 元，所以三年共三十六期的利息是 72 元。

本金 400 元的利息是：

$$72^{元} \times \frac{400}{100} = 288^{元}$$

利率在图上没有的，仍可由它推算。

例三 本金 360 元，半年一期，利率 14%，四年的利息是多少？

利率 14% 可看成 12% 加 2%。半年一期，四年共八期。本金 100 元，利率 12%，八期的利息是 96 元，利率 2% 的是 16 元，所以利率 14% 的利息是 112 元。

本金 360 元的利息是：

$$112\,\text{元} \times \frac{360}{100} = 403.2\,\text{元}$$

这些例题都很简单明了，真是"运用之妙，存乎一心"了！

## 26 这要算不可能了

"从来没有碰过钉子，今天却要大碰而特碰了。"今天，马先生的课这样开场，"在前次讲正比例时，我们曾经说过这样的例题：一个数和它的平方数，1和1，2和4，3和9，4和16……都是同时变大、变小，但它们不成正比例。你们试着把这例题画出来看看。"

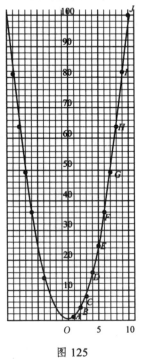

图 125

真的碰了钉子！我把横线表数，纵线表平方数，先得 $A$、$B$、$C$、$D$ 四点，依次表 1 和 1，2 和 4，3 和 9，4 和 16，它们不在一条直线上。这还有什么办法呢？我索性把表示 5 和 25，6 和 36，7 和 49，8 和 64，9 和 81 以及 10 和 100 的点 $E$、$F$、$G$、$H$、$I$、$J$，都画了出来。真糟！简直看不出它们是在一条什么线上！

问题本来很简单，只是这些点好像是在一条弯曲的线上，是不是？成正比例的数量，假如用点表示，这些点就在一条直线上；为什么不成正比例的数量，用点表示，这些点就不在一条直线上呢？

马先生认为这种说法是对的。他又说，本题的曲线，叫作抛物线。本来左边还有和它对称的另一半抛物线，但在算术上用不到它。

"现在，我们谈到反比例的问题了，且来举一个例子看看。"马先生说。

下面的例子是周学敏提出的：

三个人十六天做完的工程，六个人几天做完？

不用说，单凭心算，我也知道只要八天了。

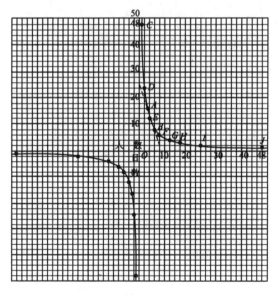

图 126

马先生叫我们画图。我用纵线表示日数，横线表示人数，得 $A$ 和 $B$ 两点，把它们连成一条直线。奇怪！这条直线和横线交在 9，明明是表示 9 个人做这工程就不需费时间，这怎么可能呢？！哪怕是很小的工程，由十万人去做，也不能不费去一点时间的呀！又碰钉子了！我正在这样想的时候，马先生似乎已经觉察到我正在受窘，向我这样警告：

"小心哪！多画出几个点来看看。"

我就老老实实地，先算出下面的表，再把各个点都记下来：

| 人数 | 1 | 2 | 3 | 4 | 6 | 8 | 12 | 16 | 24 | 48 |
|---|---|---|---|---|---|---|---|---|---|---|
| 日数 | 48 | 24 | 16 | 12 | 8 | 6 | 4 | 3 | 2 | 1 |
| 点 | $C$ | $D$ | $A$ | $E$ | $B$ | $F$ | $G$ | $H$ | $I$ | $J$ |

还有什么可说呢？ $C$、$D$、$E$、$F$、$G$、$H$、$I$、$J$ 这八个点，就没有一个点在直线 $AB$ 上。——它们又成一条抛物线了，我想。

但是，马先生说，这和抛物线不一样，它叫双曲线。他还说，假如我们用来画图的纸，正好是一个方方正正的田字形，纵线是田字中间的一竖，横线是田字中间的一横，这条曲线只在田字的右上一个方块里，在田字左下的一个方块里，还有和它成点对称的一条。原来抛物线只有一条，双曲线却有两条，田字左下方块里的一条，也是算术里用不到的。

虽然碰了两次钉子，却也知道了两种线，倒也合算啊！

"无论是抛物线还是双曲线，都不是单靠一把尺和一个圆规，就能够画出来的。关于这一类问题，如果要用画图法来解决，我们只好宣布失败！"马先生说。

停了两分钟，马先生又提出下面的一个例题，叫我们画：

2 的平方是 4，立方是 8，四次方是 16……用线表示出来。

今天马先生大约是有心来捉弄我们，这个题的线，我估计它不是直线。我画了 $A$、$B$、$C$、$D$、$E$、$F$ 六点，依次表示 2 的一次方 2，平方 4，立方 8，四次方 16，五次方 32，六次方 64。它们果然不在一条直线上。但连接它们所成的曲线，既不像抛物线，更不像双曲线，不知道应该叫作什么线？

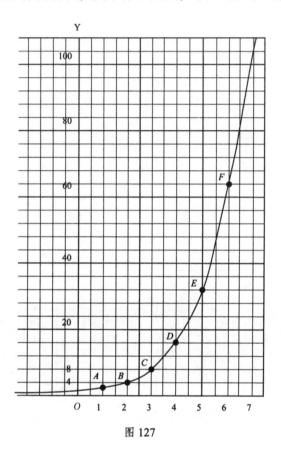

图 127

我们原来都只画 OY 这条纵线右边的一段，左边拖的一节尾巴，是马先生加上去的。马先生说，这条尾巴尽管可以拖长去，越长越与横线接近，但无论怎样，永远不会和它相交。在算术中，这条尾巴也是用不到的。

这种曲线叫指数曲线。

"要表示复利息，就用得到这种指数曲线。"马先生说，"所以，要用老方法来处理复利息的问题，也只有碰钉子的。"马先生还画了一张表示复利息的图给我们看。它表示出本金 100 元，一年一期，在十年中，年利率 2%，3%，4%，5%，6%，7%，8%，9% 和 10% 的各种利息。

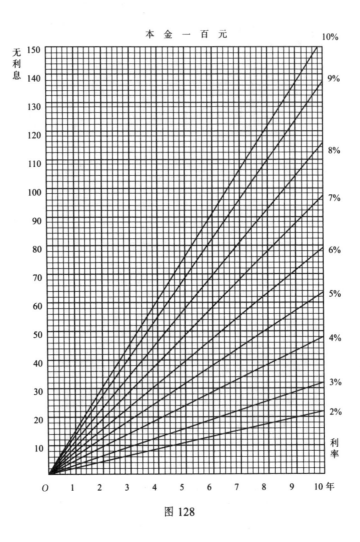

图 128

## 27 大半不可能的复比例

对于这个题目，马先生说，有大半是不能用作图法来解决的，我想，反比例的题，既已难免碰钉子，复比例中，含有反比例的题，肯定更难了。再说，即使不含有反比例，但复比例总含有三个以上的量，倘若不能像第十二节中用归一法那样化繁为简，那就毫无办法。

不过复比例中的题目，有时我们不大想得通，所以我们要求马先生给我们一些指示，不用作图法解也好。马先生答应了我们，叫我们提出问题来。以下的问题，全是我们提出的：

例一　同一件事,24 人合作, 每日做工 10 小时,15 日可做完,60 人合作，每日少做工 2 小时，几日可做完?

一个同学提出这个题来的时候，马先生想了一下，说："我知道，你感到困难的原因了。这个题目，转了一个小弯。你试着将题目所给的条件，同类的条件一一列出表来看。"

他依马先生的话，列成下表：

| 人数 | 每日做的时数 | 日数 |
| --- | --- | --- |
| 24 | 10 | 15 |
| 60 | 少 2 | ? |

"由这个表看来，有多少数你还不知道？"马先生问。

"两个，第二次每日工作的小时数和天数。"他答道。

"问题的关键就在这一点。"马先生说，"一般的比例题，都只含有一个不知道的数。但你们要注意，比例所处理的都是与两个数量的比有关的事项，而复比例，只不过有关的比多几个。所以题目中若含有与比无关的条件，就超出了范围，应当先将它处理好。就像本题，第二次每日工作的小时数，题上说的是少 2 小时，就和比没有关系。第一次，每日工作 10 小时，第二次每日少工作 2 小时，工作几小时？"

"10 小时少 2 小时，8 小时。"周学敏回答。

这样一来，当然毫无问题了。

$$\left.\begin{array}{l} \text{反} \quad 60^{人} : 24^{人} \\[2em] \text{反} \quad 8^{时} : 10^{时} \end{array}\right\} = 15^{日} : x^{日}$$

$$\therefore \quad x^{日} = \frac{15^{日} \times 24 \times 10}{60 \times 8} = 7\frac{1}{2}^{日}$$

例二　一书原有 810 页，每页 40 行，每行 60 字。若重印时，每页增 10 行，每行增 12 字，页数可减多少？

这个问题，表面上虽复杂一点，但和前例实在是同一类问题。难怪马先生听另一个同学说完以后，露出一点轻微的不愉快了。马先生要求他先找出第二次每页的行数——40 加 10，是 50，和每行的字数——60 加 12，是 72，再求第二次的页数。

$$\left.\begin{array}{l} \text{反} \quad 50^{行} : 40^{行} \\[2em] \text{反} \quad 72^{字} : 60^{字} \end{array}\right\} = 810^{页} : x^{页}$$

$$\therefore \quad x^{页} = \frac{810^{页} \times 40 \times 60}{50 \times 72} = 540^{页}$$

要求可减少的页数，这当然不是比例的问题，810 页改成 540 页，可减少的是 270 页。

例三　自 $A$ 处到 $B$ 处，平常 6 小时可到，今将路程减去 $\frac{1}{4}$，速度增加一半，需要几个小时才可以到 $B$ 处？

这个题，我从前不知怎样下手，现在依照前两个例题的思路来，我已经会解了。虽然我没有向马先生提出问题，也附记在这里。

原来的路程，就算它是 1，后来减 $\frac{1}{4}$，当然是 $\frac{3}{4}$。

原来的速度也算它是 1，后来加半，便是 $1\frac{1}{2}$。

$$\therefore \quad \left. \begin{array}{ll} 正 & 1 : \dfrac{3}{4} \\[3mm] 反 & 1\dfrac{1}{2} : 1 \end{array} \right\} = 6 : x^{时}$$

$$\therefore \quad x^{时} = 3^{时}$$

例四　狗走 2 步的时间，兔可走 3 步；狗走 3 步的长度，兔需走 5 步。狗 30 分钟所走的路，兔需走多少时间？

"这题的难点，"马先生说，"只在包含时间——步子的快慢，和空间——步子和路的长短。但只要注意判定正反比例就行了。第一，狗走 2 步的'时间'，兔可走 3 步，哪一个快？"

"兔快。"一个同学说。

"那么，狗走 30 分钟的步数，让兔来走，在时间上怎样？"

"少些！"周学敏答。

"这是正比还是反比？"

"反比！步数一定，走的快慢和时间成反比例。"王有道说。

"再来看，狗走 3 步的长，兔要走 5 步；狗走 30 分钟的步数的总路程，兔走起来在时间上怎样？"

"要多些。"我回答。

"这是正比还是反比？"

"反比！距离一定，步子的长短和步数成反比例，也就同时间成反比例。"还是王有道回答。

这样就可得到：

$$
\left.\begin{array}{ll}
\text{反} & 3 : 2 \\[18pt]
\text{反} & 3 : 5
\end{array}\right\} = 30^{\text{分}} : x^{\text{分}}
$$

$$
\therefore \quad x^{\text{分}} = \frac{30^{\text{分}} \times 2 \times 5}{3 \times 3} = 33\frac{1}{3}^{\text{分}}
$$

例五　牛与马的力气的比如果是 8 比 7，速度的比如果是 5 比 8，以前用牛车 8 辆，马车 20 辆，于 5 日内运米 280 袋到 1 里半外的地方。今用牛车、马车各 10 辆，于 10 日内要运米 350 袋，求能运多远的距离。

这题是周学敏提出的，马先生问他道：

"你觉得难点在什么地方？"

"有牛又有马，有从前运输的情形，又有现在运输的情形，关系比较复杂了。"周学敏回答。

"你为什么不将牛车与马车分开来看呢？"马先生不等有什么回答，接着又说，"你们要记好两个基本原则：一个是，性质不同的量不能相加减，还有一个是性质不同的量，不能相比。本题就运输的力量说有牛车又有马车，它们既然不能并成一个力量，也就不能相比了。"停了一阵，他又说：

"所以这个题，我们应当把它分成两段看：'牛车、马车运输力量的比如果是8比7，速度的比如果是5比8；以前用牛车8辆，马车20辆；今用牛车、马车各10辆。'这算一段。又从'以前用牛车8辆'，到结尾又算一段。现在先解决第一段，变成都用牛车或马车，我们就都用牛车吧。马车20辆和10辆各合多少辆牛车？"

这比较简单，力量的大小加速度的快慢对于所用的车辆都是成反比例的。

$$\left.\begin{array}{l} 8 : 7 \\ \\ 5 : 8 \end{array}\right\} = 20\text{辆} : x\text{辆}$$

$\therefore$ 20辆马车的运输力 $= \dfrac{20 \times 7 \times 8}{8 \times 5} = 28$ 辆牛车的运输力；

10辆马车的运输力 $= 14$ 辆牛车的运输力。

我们得出这个答数后，马先生说："现在题目的后一段可以改个样：以前用牛车8辆和24辆……今用牛车10辆和14辆……"

当然，到这一步，又用上老方法了。

$$\left.\begin{array}{lll} 正 & (8 + 28)\text{辆} : (10 + 14)\text{辆} \\ 正 & \quad\quad 5\text{日} : 10\text{日} \\ 反 & \quad 350\text{袋} : 280\text{袋} \end{array}\right\} = 1\frac{1}{2}{}^{\text{里}} : x^{\text{里}}$$

$$x^{\text{里}} = \frac{1\frac{1}{2}{}^{\text{里}} \times (10+14) \times 10 \times 280}{(8+28) \times 5 \times 350} = \frac{\frac{3}{2}{}^{\text{里}} \times 24 \times 10 \times 280}{36 \times 5 \times 350}$$

$$= \frac{3^{\text{里}} \times 12 \times 10 \times 280}{36 \times 5 \times 350} = 1\frac{3}{5}{}^{\text{里}}$$

例六　大工4人，小工6人，工作5日，工资共51元2角。后来有小工 2 人休息，用大工一人相代，工作 6 日，工资共多少？（大工一人 2 日的工资和小工一人 5 日的工资相等。）

这个题的情形与前题相同，是马先生出题让我们算的，可能是要我们重复一次前题的算法吧！

先将小工的工资折算为大工的工资，这只是一个正比例关系：

$$5^{日} : 2^{日} = 6^{人} : x^{人}, \qquad x^{人} = \frac{12}{5}^{人}$$

这就是说 6 个小工，1 日的工资和 $\frac{12}{5}$ 个大工 1 日的工资相等。后来减

去 2 个小工只剩 4 个小工，他们的工资和 $\frac{8}{5}$ 个大工的相等，由此得：

$$\left.\begin{array}{l} 正\ (4+\frac{12}{5})^{大工} : (4+\frac{8}{5}+1)^{大工} \\ \\ 正 \qquad\qquad 5 : 6 \end{array}\right\} = 51.2^{元} : x^{元}$$

$$x = \frac{51.2^{元} \times (4+\frac{8}{5}+1) \times 6}{(4+\frac{12}{5}) \times 5} = \frac{51.2^{元} \times \frac{33}{5} \times 6}{\frac{32}{5} \times 5}$$

$$= \frac{51.2^{元} \times 33 \times 6}{32 \times 5} = 63.36^{元}$$

关于复比例的学习，就这样结束了，我学到了好几种应该牢记的知识。

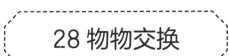

# 28 物物交换

例一 酒4升可换茶3斤；茶5斤可换米12升；米9升可换酒多少？

马先生写好了题，问道：

"这样的题，在算术中，属于哪一部分内容？"

"连比例。"王有道回答。

"连比例是怎样的一回事，你能简单地说明吗？"

"许多简比例联合起来的。"王有道说。

"这也是一种说法，就照这种说法，你把这个题解给大家看一看？"下面就是王有道的解法：

（1）简比例的算法：

$12 升米：9 升米 = 5 斤茶：x 斤茶，x 斤茶 = \dfrac{5 斤茶 \times 9}{12} = \dfrac{15}{4} 斤茶；$

$3 斤茶：\dfrac{15}{4} 斤茶 = 4 升酒：x 升酒，x 升酒 = \dfrac{4 升酒 \times \dfrac{15}{4}}{3} = 5 升酒。$

（2）连比例的算法：

4 升酒 ———— 3 升茶

5 斤茶 ———— 12 升米　　　$x 升酒 = \dfrac{4 升酒 \times 5 \times 9}{3 \times 12} = 15 升酒。$

9 升米 ———— x 升酒

这两种算法，其实只有繁简和顺序不同，根本毫无分别。王有道为了说明它们的相同，还把（1）中的第四式这样写：

$$x升酒 = \frac{4升酒 \times \dfrac{5 \times 9}{12}\left(即\dfrac{15}{4}\right)}{3} = \frac{4升酒 \times 5 \times 9}{3 \times 12} = 5升酒$$

它和（2）中的第二式完全一样。

马先生对于王有道的做法很满意，但他说："连比例我们也可以说成是，两个以上的量，相连续而成的比例，不过这和算法没有什么关系。"

"连比例的题，能用画图法来解不能？"我想到，因为它是些简比例合成的，大约可以；但一方面又想到，它所含的量在三个以上，恐怕未必行。因而不能断定。我赶紧向马先生请教。

"可以！"马先生斩钉截铁地回答，"而且并不困难。你就用这个例题来画画看吧。"

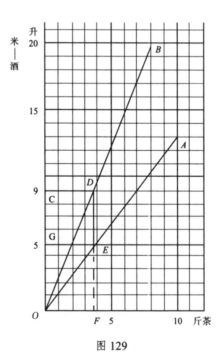

图 129

可先依照酒 4 升、茶 3 斤这个比，用纵线表示酒，横线表示茶，画出 *OA* 线。再……我就画不下去了。米用哪条线表示呢？其实，每个人都没有找到办法。马先生看看这个，又看看那个：

"怎么又卡住了！买醋的钱，买不了酱油吗？你们个个都可以成牛顿了，大猫走大洞，小猫一定要走小洞，是吗？——纵线上，现在你们的单位是升，一个量器量了酒就不能量米吗？"

这明明是在告诉我们，可用纵线表示米，依照茶 5 斤可换米 12 升的比，我画出了 *OB* 线。

我们画完以后，马先生巡视了一周，才说：

"问题的要点倒在后面，我们怎样找出答数来呢？——说破了，也不难。9 升米可换多少茶？"

我们从纵线上的 *C*（表示 9 升米）横看到 *OB* 上的 *D*（茶、米的比），往下看到 *OA* 上的 *E*（茶、酒的比），再往下看到 *F*（茶 $\frac{15}{4}$ 斤）。

"茶的斤数，就题目来说，是没用处的。"马先生说，"你们由茶和酒的关系，再看'过'去。"

"过"字说得特别响。我就由 *E* 横看到 *G*，它指着 5 升，这就是所求酒的升数了。

例二　酒 3 升的价等于茶 2 斤的价；茶 3 斤的价等于糖 4 斤的价；糖 5 斤的价等于米 9 升的价；酒 10 升可换米多少？

"举一反三。"马先生写了题说，"这个题，不过比前一题多一个弯儿，你们自己做吧！"

我先取纵线表示酒，横线表示茶，依酒 3 茶 2 的比，画 *OA* 线。然后又取纵线表示糖，依茶 3 糖 4 的比，画 *OB* 线。再取横线表示米，依糖 5 米 9 的比，画 *OC* 线。

最后，从纵线 10——10 升酒——横着看到 *OA* 上的 *D*，酒就换了茶。

由 $D$ 往下看到 $OB$ 上的 $E$，茶就换了糖。由 $E$ 横看到 $OC$ 上的 $F$，糖依然一样多，但由 $F$ 往下看到横线上的 16，糖已换了米。——酒 10 升换米 16 升。

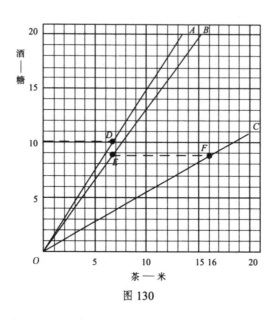

图 130

照连比例的算法：

3 升酒 —— 2 斤茶

3 斤茶 —— 4 斤糖

5 斤糖 —— 9 升米

$x$ 升米 —— 10 升酒

$$x\text{升米} = \frac{9\text{升米} \times 10 \times 4 \times 2}{5 \times 3 \times 3} = 16\text{升米}。$$

结果当然完全相同。

例三　甲、乙、丙三人赛跑，100 步内，乙输给甲 20 步，180 步内，乙胜丙 15 步，150 步内，丙输甲多少步？

这道题也含有不是比例的条件，所以应当先将它改变一下。"100 步内，乙输给甲 20 步"，就是甲跑 100 步时，乙只跑 80 步。"180 步内，乙胜丙 15 步"，就是乙跑 180 步时，丙只跑 165 步。照这两个比，取横线表示甲和丙所跑的步数，纵线表示乙所跑的步数，于是我画出 *OA* 和 *OB* 两条线来。

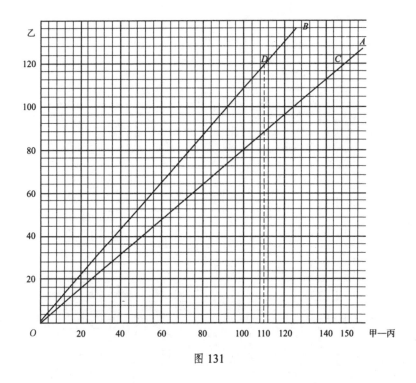

图 131

由横线上 150——甲跑的步数——往上看到 *OA* 线上的 *C*，它指明，甲跑 150 步时，乙跑 120 步。再由 *C* 横看到 *OB* 线上的 *D*，由 *D* 往下看，横线上 110，就是丙所跑的步数。从 110 到 150 相差 40，便是丙输于甲的步数。

计算是这样：

$$100^{步}甲 \diagdown \quad (100-20)^{步}乙$$
$$180^{步}乙 \diagup\diagdown \quad (180-15)^{步}丙$$
$$x^{步}丙 \diagup\qquad 150^{步}甲$$

$$x^{步} = \frac{(100^{步}-20^{步})\times(180^{步}-15^{步})\times150^{步}}{100^{步}\times180^{步}} = \frac{80^{步}\times165^{步}\times150^{步}}{100^{步}\times180^{步}} = 110^{步}$$

$$150^{步} - 110^{步} = 40^{步}$$

例四　甲、乙、丙三人速度的比，甲和乙是 3 比 4，乙和丙是 5 比 6。丙 20 小时所走的距离，甲需走多少时间？

"这个题目，当然很容易，但需注意走一定距离所需的时间与速度是成反比例的。"马先生警告我们。

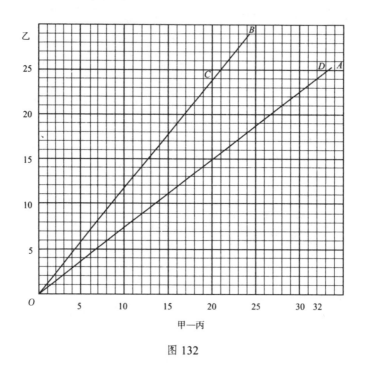

图 132

有了这一个警告，我们便知道，甲和乙速度的比是 3 比 4，则如果他们走相同的距离，所需的时间的比是 4 比 3；同样的，乙和丙走相同的距离，所需的时间的比是 6 比 5。至于作图的方法，与前一题的相同。最后用横线上的 20，就用它表示时间，直上到 OB 线的 C，由 C 横过去到 OA 上的 D，由 D 直下到横线上的 32。它告诉我们，甲需走 32 小时。

计算的方法如下：

$$4\ \text{甲} \diagdown 3\ \text{乙}$$
$$6\ \text{乙} \diagdown 5\ \text{丙}$$
$$20\ \text{丙} \diagdown x\ \text{甲}$$

$$x = \frac{20^{\text{时}} \times 6 \times 4}{3 \times 5}$$
$$\quad = 32^{\text{时}}$$

## 29 投比分配

例一　大小两数的和为二十，小数除大数得四，大小两数各是多少？

"先生！这个题已经讲过了！"周学敏还不等马先生将题写完，就喊起来了。不错，第四节的例二，便是这个题。难道马先生忘了吗？不！我想他一定有别的用意。

"已经讲过的？——很好！你就照已经讲过的做出来看看。"马先生叫周学敏在黑板上做。

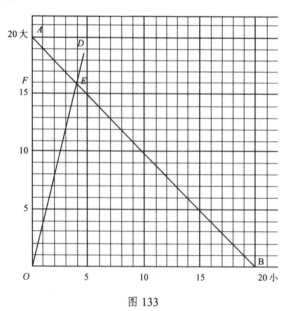

图 133

"好！做得不错！"周学敏做完，回到座位上的时候，马先生说，"现在，你们看一下，*OD* 这条线是表示什么的？"

"表示倍数固定的关系，大数是小数的 4 倍。"周学敏今天不知为什么特别高兴，比平日还喜欢说话。

"我说，它表示'比一定'的关系，对不对？"马先生问。

"自然对！大数是小数的 4 倍，也可说是大数和小数的比是 4 比 1，或小数和大数的比是 1 比 4。"王有道抢着回答。

"好！那么，这样一个题……"马先生说着在黑板上写：

——依照 4 和 1 的比将 20 分成大小两个数，各是多少？

"这个题，在算术中，属于哪一部分内容？"

"配分比例。"周学敏又很快地回答。

"它和前一个题相比，在性质上是不是一样的？"

"一样的！"我说。

这一来，我们当然明白了，配分比例问题的作图法，和四则问题中的这种题的作图法，根本上是一样的。

例二　4 尺长的线，依照 3 和 5 的比，分成两段，各长多少？

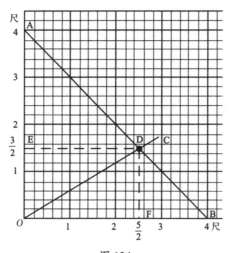

图 134

我相信，在我们当中，这个题无论什么人都会做了。$AB$ 表示和一定，4 尺的关系。$OC$ 表示比一定，3 比 5 的关系。$FD$ 等于 $OE$，等于 1 尺半；$ED$ 等于 $OF$，等于 2 尺半。它们的和是 4 尺，因此，比正好是：

$$1\frac{1}{2} : 2\frac{1}{2} = \frac{3}{2} : \frac{5}{2} = 3 : 5$$

算术上的计算法，比起作图法来，实在要烦琐些：

$$(3+5):3 = 4^尺 : x_1{}^尺, \quad x_1{}^尺 = \frac{4^尺 \times 3}{3+5} = \frac{12^尺}{8} = 1\frac{1}{2}^尺$$

$$(3+5):5 = 4^尺 : x_2{}^尺, \quad x_2{}^尺 = \frac{4^尺 \times 5}{8} = \frac{5^尺}{2} = 2\frac{1}{2}^尺$$

"这种题还能有别的画法吗？"马先生在大家做完以后，忽然提出这个问题。

没有人回答。

"你们还记得用几何画法中的等分线段的方法，来做除法吗？"马先生这么一说，我们自然想起第二节所说的内容了。他接着又说：

"比是可以看成分数的，这我们早就讲过。分数可看成若干小单位集合成的，不是也讲过的吗？把这三项已讲过的合起来，我们就可得出本题的另一种作法了。

"你们不妨把横线表示被分的数量 4 尺，然后将它等分成 3 加 5 段。"马先生这样吩咐。

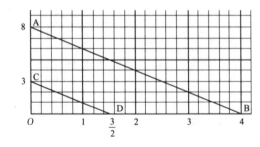

图 135

但我们提出，照第二节所说的方法，过 $O$ 任意画一条线，马先生却说："这真是食而不化，依样画葫芦，未免小题大做。"他指示我们，就把纵线当要画的线，更加省事。

真的，我先在纵线上取 $OC$ 等于 3，再取 $CA$ 等于 5。连接 $AB$，过 $C$ 作 $CD$ 和它平行，这实在简捷得多。$OD$ 正好等于 1 尺半，$DB$ 正好等于 2 尺半。结果不但和图 134 的相同，而且与算式比照起来更要明白些，列式如下：

$$（3 + 5）: 3 = 4^尺 : x_1^尺。$$

$$\vdots \qquad \vdots \qquad \vdots \qquad \vdots \qquad \vdots$$

$$OC \quad CA \quad OC \quad OB \qquad OD$$

例三　把 96 分成三份，第一份 4 倍于第二份，第二份 3 倍于第三份，各是多少？

这题不过比前一题复杂一点，照前题的方法做应当是不难的。但作图 136 时，我却感到了困难。表和一定的线 $AB$ 当然毫无疑义可以作，但表比一定的线呢？我们所作过的，都是表示单比的，现在是连比呀！连比！连比！本题，第一、二、三各份的连比，由 4 比 1 和 3 比 1，得 12 比 3 比 1，这应该怎样画线来表示呢？

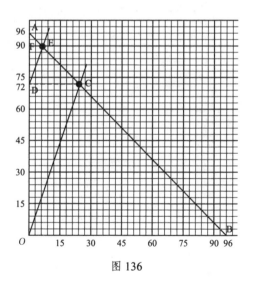

图 136

马先生见我们无从下手，感到困窘，他突然笑了起来，问道：

"你们读过《三国演义》吗？它的头一句是什么？"

"话说，天下大势，分久必合，合久必分……"一个我们称作"小说家"的同学说。

"运用之妙，存乎一心。现在就用得到一分一合了。先把第二、三两份合起来，第一份同它的比是什么？"

"12 比 4，等于 3 比 1。"周学敏说。

依照这个比，我画 *OC* 线，得出第一份 *OD* 是 72。以后呢？又被卡住了。

"刚才是分而合，现在就当由合而分了。*DA* 所表示的是什么？"马先生问。

自然是第二、三份的和。为什么一下子就迷惑了呢？为什么不会想到把 *A*、*E*、*C* 当成独立的看，作 3 比 1 来分 *AC* 呢？照这个比，作 *DE* 线，得出第二份 *DF* 和第三份 *FA*，各是 18 和 6。72 是 18 的 4 倍，18 是 6 的 3 倍，岂不是正符合题意吗？

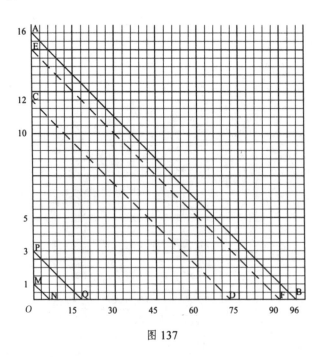

图 137

本题的算法很简单，我不写了。但用第二种方法作图（图137），更简明些，所以我把它作了出来。不过我作的图和图135的形式是一样的：0D表示第一份，DF表示第二份，FB表示第三份。后来王有道同我讨论了一番，依1和3对12的比，作MN和PQ同CD平行，用0N和0Q分别表示第三份和第二份，它们的数目，更是一目了然的。

例四　甲、乙、丙三人，合买一块地，各人应有地的比是$1\frac{1}{2}:2\frac{1}{2}:4$。后来甲买进丙所有的$\frac{1}{3}$，而卖1亩给乙，甲和丙所有的地就相等了。各人原有地多少？

这个题的弯子绕得比较多，但马先生说，对付繁杂的题目，最紧要的，是化整为零，把它分成几步去做。马先生叫王有道做这一个分解工作。

王有道说：

"第一步，把三个人原有地的连比，化得简单些，就是：

"$1\frac{1}{2}:2\frac{1}{2}:4=\frac{3}{2}:\frac{5}{2}:4=3:5:8$。"

接着他说：

"第二步，要算出地的总数，这就要替他们清一清账了。对于总数而言，因为$3+5+8=16$，所以甲占$\frac{3}{16}$，乙占$\frac{5}{16}$，丙占$\frac{8}{16}$。

"丙卖去他的$\frac{1}{3}$，就是卖去总数的$\frac{8}{16}\times\frac{1}{3}=\frac{8}{48}$，他剩的是自己的$\frac{2}{3}$，等于总数的$\frac{8}{16}\times\frac{2}{3}=\frac{16}{48}$。

"甲原有总数的$\frac{3}{16}$，再买进丙出卖的总数的$\frac{8}{48}$，就是总数的

$$\frac{3}{16}+\frac{8}{48}=\frac{9}{48}+\frac{8}{48}=\frac{17}{48}。$$

"甲卖去1亩便和丙的相等，这就等于说，甲若不卖这1亩的时候，比

丙多 1 亩。

"好，这样一来，我们就知道，总数的 $\frac{17}{48}$ 比它的 $\frac{16}{48}$ 多 1 亩。所以总数是：

$$1^{\text{亩}} \div (\frac{17}{48} - \frac{16}{48}) = 1^{\text{亩}} \div \frac{1}{48} = 48^{\text{亩}}。"$$

这以后，即使王有道不说，我也知道了：

$$16 : 5 = 48^{\text{亩}} : \begin{matrix} 3 & x_1^{\text{亩}} \\ x_2^{\text{亩}} \\ 8 & x_3^{\text{亩}} \end{matrix}$$

$$x_1^{\text{亩}} = \frac{48^{\text{亩}} \times 3}{16} = 9^{\text{亩}} \cdots\cdots 甲的。$$

$$x_2^{\text{亩}} = \frac{48^{\text{亩}} \times 5}{16} = 15^{\text{亩}} \cdots\cdots 乙的。$$

$$x_3^{\text{亩}} = \frac{48^{\text{亩}} \times 8}{16} = 24^{\text{亩}} \cdots\cdots 丙的。$$

结果虽然已经算了出来，但马先生又叫我们用作图法再做一次。

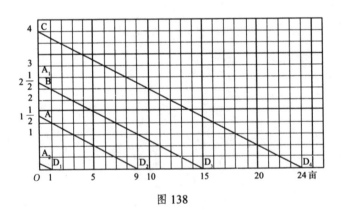

图 138

我对于作图，决定用前面王有道同我讨论时所得到的形式。

横线表示地的亩数。

纵线：$OA$ 表示甲的，$1\frac{1}{2}$。$OB$ 表示乙的，$2\frac{1}{2}$。$OC$ 表示丙的，4。在

$OA$ 上加 $OC$ 的 $\frac{1}{3}$（4 小段）得 $OA_1$。从 $A_1O$ 减去 $OC$ 的 $\frac{2}{3}$（8 小段）得 $OA_2$，这就是后来甲卖给乙的。

连 $A_2D_1$（$OD_1$ 表 1 亩），作 $AD_2$、$BD_3$ 同着 $CD_4$ 和 $A_2D_1$ 平行。

$OD_2$ 指 9 亩，$OD_3$ 指 15 亩，$OD_4$ 指 24 亩，它们的连比，正是：

$$9:15:24 = 3:5:8 = 1\frac{1}{2}:2\frac{1}{2}:4$$

这样看起来，作图法显得简捷一些。

例五　甲工作 6 日，乙工作 7 日，丙工作 8 日，丁工作 9 日，其工价相等，今甲工作 3 日，乙工作 5 日，丙工作 12 日，丁工作 7 日，共得工资 24 元 6 角 4 分，各人应得多少？

这个题，只要先找出四个人各应得工资的连比，就容易解答了。

我想，这是说得通的，假设他们相等的工价都是 1，则他们各人一天所得的工价，便是 $\frac{1}{6}$，$\frac{1}{7}$，$\frac{1}{8}$，$\frac{1}{9}$。而他们应得的工价的比，是：

甲：乙：丙：丁 $= \dfrac{3}{6}:\dfrac{5}{7}:\dfrac{12}{8}:\dfrac{7}{9} = 63:90:189:98$。

$63 + 90 + 189 + 98 = 440$，

$24.64^{元} \times \dfrac{1}{440} = 0.056^{元}$，

$0.056^{元} \times 63 = 3.528^{元}$……甲的，

$0.056^{元} \times 90 = 5.04^{元}$……乙的，

$0.056^{元} \times 189 = 10.584^{元}$……丙的，

$0.056^{元} \times 98 = 5.488^{元}$……丁的。

本题若用作图法解，理论上当然毫无困难，但事实上要表示出三位小数来，还是比较麻烦。

## 30 结束的一课

　　暑假快要结束了，今天是马先生的第三十次讲课。全部算术中的重要题目，可以说，$\frac{9}{10}$ 都提到了。还有许多要点，是一般的教科书上不曾讲到的。这个暑假，我算过得最有意义了。

　　今天，马先生来结束全部的讲授。他提出混合比例的问题，照一般算术教科书上的说法，把混合比例的问题分成四类，马先生也就照这种顺序讲下去。

　　第一，求平均价。

　　例一　上等酒二斤，每斤三角五分；中等酒三斤，每斤三角；下等酒五斤，每斤二角。三种相混，每斤值多少？

　　这又是已经讲过的——第十三节的——老题目，但周学敏这次却不开口了，他大约和我一样，正期待着马先生花样翻新吧。

　　"这个题目，在第十三节已讲过，你们还记得吗？"马先生问。

　　"记得的！"好几个人回答。

　　"现在，我们已有了比例的概念和它的表示法，不妨改变一个花样。"果然马先生要换一种方法了，"你们用纵线表示价钱，横线表示斤数，先画出正好表示上等酒二斤总价钱的线段。"

　　当然，这是非常容易的，我们画了 *OA* 线段。

　　"再从 *A* 开始画，表示中等酒三斤总价钱的线段。"

我们又作 AB。

"又从 B 开始画，表示下等酒五斤一共的价钱的线段。"

这就是 BC。

"连接 OC。"我们照办了。

马先生问："由 OC 看来，三种酒一共值多少钱？"

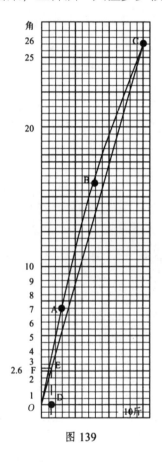

图 139

"二元六角。"我说。

"一共几斤？"

"十斤。"周学敏答。

"怎样找出一斤的价钱呢？"

"由指示一斤的 $D$ 点，"王有道说，"画纵线和 $OC$ 交于 $E$，由 $E$ 横过去得 $F$，它指出 2 角 6 分来。"

"对的！这种作法，并不见得比第十三节所用的简单，不过对于以后的题目却比较适用。"马先生作小结道。

第二，求混合比。

例二 上等茶每斤价 1 元 2 角，下等茶每斤价 8 角。现在要混成每斤价 9 角 5 分的茶，应依照怎样的比配合？

依了前面马先生所给的暗示，我先作好表示每斤 1 元 2 角、每斤 8 角和每斤 9 角 5 分的三条线 $OA$、$OB$ 和 $OC$。再将它和图 139 比较一下，我就想到将 $OB$ 搬到 $OC$ 的上面去，于是由 $C$ 作 $CD$ 平行于 $OB$。它和 $OA$ 交于 $D$，由 $D$ 往下到横线上得 $E$。

上等茶：下等茶 $= OE : EF = 9 : 15 = 3 : 5$。

上等茶 3 斤值 3 元 6 角，下等茶 5 斤值 4 元，一共 8 斤值 7 元 6 角，每斤正好值 9 角 5 分。

自然，将 $OA$ 搬到 $OC$ 的下面，也是一样的。即过 $C$ 作 $CH$ 平行于 $OA$，它和 $OB$ 交于 $H$。由 $H$ 往下到横线上，得 $K$。

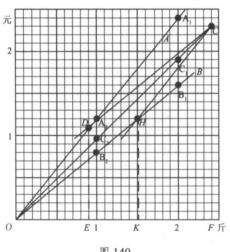

图 140

下等茶：上等茶 $= OK : KF = 15 : 9 = 5 : 3$。

结果完全一样，不过顺序不同罢了。

其实这个比由 $A_1$、$C_1$、$B_1$ 和 $A_2$、$C_2$、$B_2$ 的关系，就可看出来的：

$A_1C_1 : C_1B_1 = 5 : 3$

$A_2C_2 : C_2B_2 = 2\dfrac{1}{2} : 1\dfrac{1}{2} = \dfrac{5}{2} : \dfrac{3}{2} = 5 : 3$

把这种情形和算术上的计算法比较，更加有趣。

| 平均价 0.95 元<br>（OC） | 原价 | 损益 | 混合比 | |
|---|---|---|---|---|
| | 上 1.20 元（OA） | − 0.25 元（$A_2C_2$） | 15（EF） | 5（$A_1C_1$ 或 $A_2C_2$） |
| | 下 0.80 元（OB） | + 0.15 元（$B_2C_2$） | 9（OE） | 3（$C_1B_1$ 或 $C_2B_2$） |

例三　有四种酒，每斤的价：A，5 角；B，7 角；C，1 元 2 角；D，1 元 4 角。怎样混合，才可成每斤价 9 角的酒？

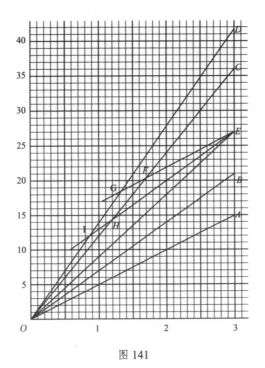

图 141

作图是容易的，依照每斤的价钱，画 $OA$、$OB$、$OC$、$OD$ 和 $OE$ 五条线。再过 $E$ 作 $OA$ 的平行线，和 $OC$、$OD$ 交于 $F$、$G$。又过 $E$ 作 $OB$ 的平行线，和 $OC$、$OD$ 交于 $H$、$I$。由 $F$、$G$、$H$、$I$ 各点，相应地便可得出 $A$ 和 $C$、$A$ 和 $D$、$B$ 和 $C$，依照 $B$ 和 $D$ 的混合比来。配合这些比，就可得所求的数。因为配合的方法不同，形式也就不一样了。

马先生说，本题由 $F$、$G$、$H$、$I$ 各点去找 $A$ 和 $C$、$A$ 和 $D$、$B$ 和 $C$，同着 $B$ 和 $D$ 的比，反不如就 $AE$、$BE$、$CE$、$DE$ 看更为简明。依照这个看法，得出：

$AE = 12$，$BE = 6$，

$CE = 9$，$DE = 5$。

因为只用到它们的比，所以可变成：

$AE = 4$，$BE = 2$，

$CE = 3$，$DE = 5$。

再注意把它们价格互相抵消，就可以配合成了。

配合的方式，本题可有七种。马先生叫我们一起探讨，将算术上的算法，与图对起来看，这实在是又扎实又有趣的工作。本来，我们如果按照老方法计算，方法虽然懂得，结果也不差，但心里并不十分清楚。现在，这一番的探讨，才算一点不含糊地明白了。

配合的方式，可归结成三种，分别写在下面：

（一）价格高与低各取一个相配的，在图上，就是 $OE$ 线的上（损）和下（益）各取一个相配。

（1）$A$ 和 $D$、$B$ 和 $C$ 配

| | 原价 | 损益 | 混合比 |
|---|---|---|---|
| 平均价9角（$OE$） | A 5角（$OA$） | ＋4角（$AE$ 下） | 5（$DE$） |
| | B 7角（$OB$） | ＋2角（$BE$ 下） | 3（$CE$） |
| | C 12角（$OC$） | －3角（$CE$ 上） | 2（$BE$） |
| | D 14角（$OD$） | －5角（$DE$ 上） | 4（$AE$） |

（2）A 和 C、B 和 D 配

| 平均价 9 角（OE） | 原价 | 损益 | 混合比 |
|---|---|---|---|
| | A 5 角（OA） | +4 角（AE 下） | 3（CE） |
| | B 7 角（OB） | +2 角（BE 下） | 5（DE） |
| | C 12 角（OC） | −3 角（CE 上） | 4（AE） |
| | D 14 角（OD） | −5 角（DE 上） | 2（BE） |

（二）取损或益中的一个和益或损中的两个分别相配，其他一个损或益和一个益或损相配：

（3）D 和 A、B 各相配，C 和 A 配

| 平均价 9 角 | 原价 | 损益 | 混合比 | | | |
|---|---|---|---|---|---|---|
| | A 5 角 | +4 角 | 5（DE） | | 3（CE） | 8 |
| | B 7 角 | +2 角 | | 5（DE） | | 5 |
| | C 12 角 | −3 角 | | | 4（AE） | 4 |
| | D 14 角 | −5 角 | 4（AE） | 2（BE） | | 6 |

（4）D 和 A、B 各相配，C 和 B 相配

| 平均价 9 角 | 原价 | 损益 | 混合比 | | | |
|---|---|---|---|---|---|---|
| | A 5 角 | +4 角 | 5（DE） | | | 5 |
| | B 7 角 | +2 角 | | 5（DE） | 3（CE） | 8 |
| | C 12 角 | −3 角 | | | 2（BE） | 2 |
| | D 14 角 | −5 角 | 4（AE） | 2（BE） | | 6 |

（5）C 和 A、B 各相配，D 和 A 相配

| 平均价 9 角 | 原价 | 损益 | 混合比 | | | |
|---|---|---|---|---|---|---|
| | A 5 角 | +4 角 | 3（CE） | | 5（DE） | 8 |
| | B 7 角 | +2 角 | | 3（CE） | | 3 |
| | C 12 角 | −3 角 | 4（AE） | 2（BE） | | 6 |
| | D 14 角 | −5 角 | | | 4（AE） | 4 |

（6）C 和 A、B 相配，D 和 B 相配。

| 平均价9角 | 原价 | 损益 | 混合比 | | | |
|---|---|---|---|---|---|---|
| | A 5角 | +4角 | 3（CE） | | | 3 |
| | B 7角 | +2角 | | 3（CE） | 5（DE） | 8 |
| | C 12角 | -3角 | 4（AE） | 2（BE） | | 6 |
| | D 14角 | -5角 | | | 2（BE） | 2 |

（三）取损或益中的每一个，都和益或损中的两个相配：

（7）D 和 C 各都同 A 和 B 相配

| 平均价9角 | 原价 | 损益 | 混合比 | | | | | |
|---|---|---|---|---|---|---|---|---|
| | A 5角 | +4角 | 5（DE） | | 3（CE） | | 8 | 4 |
| | B 7角 | +2角 | | 5（DE） | | 3（CE） | 8 | 4 |
| | C 12角 | -3角 | | | 4（AE） | 2（BE） | 6 | 3 |
| | D 14角 | -5角 | 4（AE） | 2（BE） | | | 6 | 3 |

第三，知道了全量，求混合量。

例四　鸡、兔同一笼，共十九个头，五十二只脚，鸡、兔各有几只？

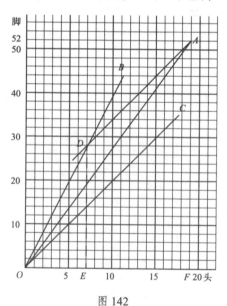

图 142

这原是马先生在第十节说过，在混合比例中还要讲的内容。现在我已掌握它的算法了：先求混合比，再依按比分配的方法，把总数分开就可以了。

先画图吧。用纵线表示脚数，横线表示头数，A 就指出十九个头同五十二只脚。

连 OA 表示平均的脚数，作 OB 和 OC 表示兔和鸡的数目。又过 A 作 AD 平行于 OC，和 OB 交于 D。

由 D 往下看到横线上，得 E。OE 指示 7，是兔的只数；EF 指示 12，是鸡的只数。

计算的方法虽然很简单，但不如作图法简明：

| 平均脚数 $\frac{52}{19}$（OA） | 每只脚数 | 相差 | 混合比 | | |
|---|---|---|---|---|---|
| | 鸡 2（OC） | 少 $\frac{14}{19}$（下） | $\frac{24}{19}$ | 24 | 12 |
| | 兔 4（OB） | 多 $\frac{24}{19}$（上） | $\frac{14}{19}$ | 14 | 7 |

在这里，因为混合比的两项 12 同 7 的和正是 19，所以不用再计算一次按比分配了。

例五　上、中、下三种酒，每斤的价分别是 3 角 5 分、3 角和 2 角。要混合成每斤 2 角 5 分的酒 100 斤，每种酒需多少斤?

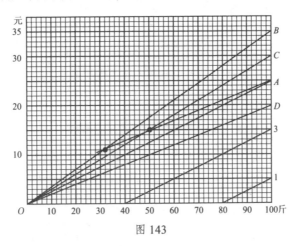

图 143

作 *OA*、*OB*、*OC* 和 *OD* 分别表示每斤价格 2 角 5 分、3 角 5 分、3 角和 2 角的酒。这个图正好表示出：上等酒损 1 角，*BA*；中等酒损 5 分，*CA*；而下等酒益 5 分，*DA*。因而混合比是：

上　中　下　　　　上　中　下　　　上　中　下

5 ：10  ⎫　　　 1 ： 2　⎫
　　　　⎬ 即　　　　　 ⎬ 即 1 ： 1 ： 3
5 ： 5  ⎭　　　 1 ： 1　⎭

依照这个比，在右边纵线上取 1 和 3，过 1 和 3 作线平行于 *OA*，交横线于 80 和 40。从 80 到 100 是 20，从 40 到 100 是 60。即上等酒 20 斤、中等酒 20 斤、下等酒 60 斤。

算法和前面一样，不过最后需按 1 和 1 和 3 的比分配 100 斤罢了。所以，本不想把式子写出来。

但是，马先生却问："这个结果自然是对的了，还有别的分配法没有呢？"

为了回答这个问题，只得将式子写出来：

| | 原价 | 损益 | 混合比 | | | |
|---|---|---|---|---|---|---|
| 平均价 2.5 角（OA） | 上 3.5 角（OB） | −1.0 角（BA 上） | 5（OA） | | 5 | 1 |
| | 中 3.0 角（OC） | −0.5 角（CA 上） | | 5（CA） | 5 | 1 |
| | 下 2.0 角（OD） | +0.5 角（DA 下） | 10（BA） | 5（CA） | 15 | 3 |

混合比仍是 1 比 1 比 3，把 100 斤分配下来，自然仍是 20 斤、20 斤和 60 斤了，还有什么疑问呢？

不！但是不！马先生说："比是活动的，在这里，上比下和中比下，各为 5 比 10 和 5 比 5，也就是 1 比 2 和 1 比 1。从根本上讲，只要按照这两个比，分别取出各种酒相混合，损益都正好相抵消而合于平均价，所以：

| 混合比 | (1) | | (2) | | (3) | | (4) | | (5) | | (6) | | (7) | |
|---|---|---|---|---|---|---|---|---|---|---|---|---|---|---|
| 上 | 5 | 5 | 1 | 1 | 1 | 1 | 2 | 2 | 3 | 3 | 6 | 6 | 7 | 7 |
| 中 | | 5 5 | | 1 1 | | 11 11 | | 7 7 | | 8 8 | | 1 1 | | 2 2 |
| 下 | 10 5 | 15 | 2 1 | 3 | 2 11 | 13 | 4 7 | 11 | 6 8 | 14 | 12 1 | 13 | 14 2 | 16 |

"（1）和（2）是已用过的，（3）（4）（5）（6）和（7）都可得出答数来。"

是的，由（3），1、11、13 的和是 25，所以：

上 $100$ 斤 $\times \dfrac{1}{25} = 4$ 斤，中 $100$ 斤 $\times \dfrac{11}{25} = 44$ 斤，下 $100$ 斤 $\times \dfrac{13}{25} = 52$ 斤。

由（4），2、7、11 的和是 20，所以：

上 $100$ 斤 $\times \dfrac{2}{20} = 10$ 斤，中 $100$ 斤 $\times \dfrac{7}{20} = 35$ 斤，下 $100$ 斤 $\times \dfrac{11}{20} = 55$ 斤。

由（5），3、8、14 的和是 25，所以：

上 $100$ 斤 $\times \dfrac{3}{25} = 12$ 斤，中 $100$ 斤 $\times \dfrac{8}{25} = 32$ 斤，下 $100$ 斤 $\times \dfrac{14}{25} = 56$ 斤。

由（6），6、1、13 的和是 20，所以：

上 $100$ 斤 $\times \dfrac{6}{20} = 30$ 斤，中 $100$ 斤 $\times \dfrac{1}{20} = 5$ 斤，下 $100$ 斤 $\times \dfrac{13}{20} = 65$ 斤。

由（7），7、2、16 的和是 25，所以：

上 $100$ 斤 $\times \dfrac{7}{25} = 28$ 斤，中 $100$ 斤 $\times \dfrac{2}{25} = 8$ 斤，下 $100$ 斤 $\times \dfrac{16}{25} = 64$ 斤。

"除了这几种方法，还有没有其他的呢？"我正怀着这个疑问，马先生却问了出来，但是没有什么人回答。后来，他说，还有，但前提是还有更根本的问题，先要解决。

又是什么问题呢？

马先生问："你们从这几个例题中，能得出什么结果呢？"

"各个连比三次的和，是 5（2）、20 [（4）和（6）]、25 [（1）（3）（5）

和（7）]，都是 100 的约数。"王有道说。

"这就是根本问题。"马先生说，"因为我们要的是整数的答数，所以这些数就得除得尽 100。"

"那么，能够配来合用的比，只有这样多了吗？"周学敏问。

"那也不止这么多，不过配成各项的和是 5 或 20 或 25 的，只有这样多了。"马先生回答。

"怎样知道的呢？"周学敏追问。

"那是一步一步地推算的结果。"马先生说，"现在你仔细看前面的六个连比。把（2）看作基本，因为它是最简单的一个。在（2）中，我们又用上和下的比，1 比 2 做基本，我们将它的形式改变；再把中和下的比，1 比 1 也跟着改变，这三项的和是 5，或 20 或 25。例如，用 2 去乘这样的两项，得 2 比 4，它们的和是 6。20 减去 6 剩 14，折半是 7，就用 7 乘第二个比的两项，这样就是（4）。"

"用 2 乘第一个比的两项，得 2 比 4，它们的和是 6。第二个比的两项，也用 2 去乘，得 2 比 2，它们的和是 4。连比变成 2 比 2 比 6，三项的和是 10，也能除尽 100。为什么不用这一个连比呢？"王有道问。

"不是不用，是可以不用。因为 2 比 2 比 6 和（1）的 5 比 5 比 15 同着（2）的 1 比 1 比 3 是相同的。由此可以看出来，乘第一个比的两项所用的数，必须和乘第二比的两项所用的数不同，结果才会不同。"

马先生回答后，又说："你们索性再进一步探讨。第一个比，1 比 2，两项的和是 3，是一个奇数。第二个比，1 比 1，两项的和是 2，是一个偶数。所以，第一个比的两项，无论用什么数（整数）去乘，它们的和总是 3 的倍数。并且，乘数是奇数，这个和也是奇数；乘数是偶数，它也是偶数。再说奇数加偶数是奇数，偶数加偶数仍然是偶数。

"跟着这几个法则，我们来检查上面的（3）（5）（6）（7）四种混合比看。（3）的第一个比的两项没有变，就算是用 1 去乘的，结果两项的和是奇数，所以连比三项的和也只能是奇数，它就只能是 25。（5 就是（2）。）（5）的第一个比的两项，是用 3 去乘的，结果两项的和是奇数，所以连比三项的和也只能是奇数，它就只能是 25。在这里，要注意如果用 4 去乘第一个比的两项，结果它们的和是 12，只能也用 4 去乘第二个比的两项，使它成 4 比 4，而连比成为 4 比 4 比 12，这和（1）同（2）一样。若用 5 去乘第一个比的两项，不用说，得出来的就是（1）了。所以（6）的第一个比的两项是用 6 去乘的，结果它们的和是 18，偶数，所以连比三项的和只能是 20。20 减去 18 剩 2，正是第二个比两项的和。用 7 去乘第一个比的两项，结果，它们的和是 21，奇数，所以连比三项之和，只能是 25。25 减去 21 剩 4，减去一半得 2，所以第二个比，应该变成 2 比 2，这就是（7）。

"假如用 8 以上的数去乘第一个比的两项，结果它们的和已在 24 以上，连比三项的和当然超过 25。这就说明了配成连比三项的和是 5 或 20 或 25 的，只有（2）（3）（4）（5）（6）（7）这六种。"

"那么，这个题，也就只有这六种答数了？"一个同学问。

"不！我已回答过周学敏。周学敏，连比三项的和，合用的还有什么？"马先生问。

"50 和 100。"周学敏说。

"对的！那么，还有几种方法可配合呢？"马先生问。

"……"

"没有人能回答得上来吗？这不是很简单的吗？"马先生说，"其实也是很呆板的。第一个比变化后，两项的和总是'3'的倍数，这是第一点。（7）的第一个比两项的和已是 21，这是第二点。50 和 100 都是偶数，所以变化后的结果，第一个比两项之和需是'3'的倍数，而又是偶数，这是第三点。根据这三点去想吧！先从 50 想起。"

"由第一、二点想，21 以上 50 以下的数，有几个数是'3'的倍数？"马先生问。

"50 减去 21 剩 29，3 除 29 可得 9，一共有 9 个。"周学敏说。

"再由第三点看，只能用偶数，9 个数中有几个可用？"

"21 以后，第一个 3 的倍数是偶数。50 前面，第一个 3 的倍数，也是偶数。所以有 5 个可用。"王有道说。

"不错。24，30，36，42 和 48，正好 5 个。"我一个一个地想了出来。

"那么，连比三项的和，配成这五个数，都合适吗？"马先生问。

我想大概这中间又有什么问题了。我就把五个连比都做了出来。结果，真是有问题。

第一，用 10 乘第一个比的两项，得 10 比 20，它们的和是 30。50 减去 30 剩 20，减半得 10，连比便成了 10 比 10 比 30，等于 1 比 1 比 3，同（2）是一样的。

第二，用 14 乘第一个比的两项，得 14 比 28，它们的和是 42。50 减去 42 剩 8，减半得 4，连比便成了 14 比 4 比 32，等于 7 比 2 比 16，同（7）一样。

我将这个结果告诉了马先生，他便说："可见只有三种方法可配合了。连同上面的六种——（1）和（2）只是一种——一共不过九种。此外就没有了。"

我觉得这倒很有意思。把九种比写出来一看，除前面的（2），它是作基本的以外，都是通过一个数去乘（2）的第一个比的两项得出来的。这些乘数，依次是 1，2，3，6，7，8，12 和 16。用 5，10 或 14 做乘数的结果，都与这九种中的一种重复。用 9，11，13 或 15 去乘是不适合的。我正在玩味这些的时候，突然周学敏大声说：

"马先生，不对！"

"怎么？你发现了什么？"马先生很诧异地问。

"前面的（4）和（6），第一个比两项的和都是偶数，不是也可以将连比配成三项的和都是 50 吗？"周学敏得意地说。

"好！你试试看。"马先生说，"这个漏洞，居然被你逮到了！"我觉得很奇怪，为什么马先生早没有注意到呢？

"（4）的第一个比，两项的和是 6。50 减去 6 剩 44，减半是 22，所以第二个比可变成 22 比 22，连比是 2 比 22 比 26。"周学敏说。

"你把 2 去约下来看。"马先生说。

"是 1 比 11 比 13。"周学敏说。

"这不是与（3）一样了吗？"马先生说。周学敏却窘住了。接着，马先生又说："本来，这也应当探讨的，再试一试另一个。"我知道，这是他在安慰周学敏了。其实周学敏的这点精神，我觉得也可佩服。

"（6）的第一个比，两项的和是 18。50 减去 18 剩 32，减半得 16，所以连比是 6 比 16 比 28。还是可用 2 去约，约下来是 3 比 8 比 14，正与（5）一样。"周学敏将它不合适之处也说了出来。

"好！我们总算把这个问题彻底考察了一番。周学敏的疑问虽是对的，可惜他没抓住最要紧的地方。他只看到前面的七种，不曾想到七种以外。这一点我本来就要提醒你们的。假如用 4 去乘（2）的第一个比的两项，得的是 4 比 8，它们的和便是 12。50 减去 12 剩 38，折半是 19。第二比是 19 比 19。连比便是 4 比 19 比 27。加上前面的九种一共有十种配合法。这种探讨，不过等于一种游戏。假如没有总数 100 的限制，本来混合的方法是可以无穷的。"

对于这样的讨论，我觉得很有趣，就把各种结果抄在后面。

（1）

| 混 | 上 | 1 | | 1 | 20 斤 | 混 |
|---|---|---|---|---|---|---|
| 合 | 中 | | 1 | 1 | 20 斤 | 合 |
| 比 | 下 | 2 | 1 | 3 | 60 斤 | 量 |

（2）

| 混 | 上 | 1 | | 1 | 4 斤 | 混 |
|---|---|---|---|---|---|---|
| 合 | 中 | | 11 | 11 | 44 斤 | 合 |
| 比 | 下 | 2 | 11 | 13 | 52 斤 | 量 |

（3）

| 混合比 | 上 | 2 | | 2 | 10斤 | 混合量 |
|---|---|---|---|---|---|---|
| | 中 | | 7 | 7 | 35斤 | |
| | 下 | 4 | 7 | 11 | 55斤 | |

（4）

| 混合比 | 上 | 4 | | 4 | 8斤 | 混合量 |
|---|---|---|---|---|---|---|
| | 中 | | 19 | 19 | 38斤 | |
| | 下 | 8 | 19 | 27 | 54斤 | |

（5）

| 混合比 | 上 | 3 | | 3 | 12斤 | 混合量 |
|---|---|---|---|---|---|---|
| | 中 | | 8 | 8 | 32斤 | |
| | 下 | 6 | 8 | 14 | 56斤 | |

（6）

| 混合比 | 上 | 6 | | 6 | 30斤 | 混合量 |
|---|---|---|---|---|---|---|
| | 中 | | 1 | 1 | 5斤 | |
| | 下 | 12 | 1 | 13 | 65斤 | |

（7）

| 混合比 | 上 | 7 | | 7 | 28斤 | 混合量 |
|---|---|---|---|---|---|---|
| | 中 | | 2 | 2 | 8斤 | |
| | 下 | 14 | 2 | 16 | 64斤 | |

（8）

| 混合比 | 上 | 8 | | 8 | 16斤 | 混合量 |
|---|---|---|---|---|---|---|
| | 中 | | 13 | 13 | 26斤 | |
| | 下 | 16 | 13 | 29 | 58斤 | |

（9）

| 混合比 | 上 | 12 | | 12 | 24斤 | 混合量 |
|---|---|---|---|---|---|---|
| | 中 | | 7 | 7 | 14斤 | |
| | 下 | 24 | 7 | 31 | 62斤 | |

（10）

| 混合比 | 上 | 16 | | 16 | 32斤 | 混合量 |
|---|---|---|---|---|---|---|
| | 中 | | 1 | 1 | 2斤 | |
| | 下 | 32 | 1 | 33 | 66斤 | |

"但是，如果连比三项的和是100这种情况呢？"一个同学问马先生。

他说："这也应该探讨一番，一不做二不休，干脆来个尽兴吧！从哪里下手呢？"

"就和刚才一样，先找100以内的3的倍数，而且又是偶数的。3除100可得33，就是一共有33个3的倍数。第一个3和末一个99都是奇数。所以，100以内，只有16个3的倍数是偶数。"周学敏回答得清楚极了。

"那么，混合的方法，是不是就有 16 个呢？"马先生又提出了问题。

"只好一个一个地做出来看了。"我说。

"那倒不必这么老实。例如第一个比两项的和是 3 的倍数，又是偶数，还是 4 的倍数的话，多半就没这个必要。"马先生提出的这个条件，我还不明白是什么理由。我便追问：

"为什么？"

"王有道，你试着解释解释看。"

"因为：第一，100 本是 4 的倍数。第二，第二个比总是由 100 减去第一个比的两项的和，减去一半得出来的，所以至少第二个比的两项都是 2 的倍数。第三，这样合成的连比，三项都是 2 的倍数。用 2 去约，结果三项的和就在 50 以内，与前面所用过的，便重复了。例如 24，若第一个比为 8 比 16。100 减去 24，剩 76，折半是 38，第二个比是 38 比 38。连比便是 8 比 38 比 54，等于 4 比 19 比 27。"王有道的解释，我听明白了。

"照这样说起来，16 个数中，有几个是不必要的呢？"马先生问。

"3 的倍数又是 4 的倍数的，就是 12 的倍数。100 用 12 去除，可得 8。所以有 8 个是不必要的。"王有道真想得周到。

"剩下的 8 个数中，还有不合适的吗？"这个问题又把大家难住了。还是马先生来提示大家：

"30 的倍数，也是不必要的。"

这很容易找出来，100 以内 30 的倍数，只有 30，60 和 90 这三个。60 又是 12 的倍数，依前面的说法，已不必要了，只剩 30 和 90。它们与 100 都是 5 和 10 的倍数。100 和它们的差，当然是 10 的倍数，折半后便是 5 的倍数。两个比的各项都是 5 的倍数，它们合成的连比的三项，自然都可用 5 去约。结果这两个连比三项的和都成了 20，已重复了。

所以 8 个当中又只有 6 个可用，那就是：

（11）

| 混合比 | 上 | 2 |  | 2 | 2斤 | 混合量 |
|---|---|---|---|---|---|---|
|  | 中 |  | 47 | 47 | 47斤 |  |
|  | 下 | 4 | 47 | 51 | 51斤 |  |

（12）

| 混合比 | 上 | 6 |  | 6 | 6斤 | 混合量 |
|---|---|---|---|---|---|---|
|  | 中 |  | 41 | 41 | 41斤 |  |
|  | 下 | 12 | 41 | 53 | 53斤 |  |

（13）

| 混合比 | 上 | 14 |  | 14 | 14斤 | 混合量 |
|---|---|---|---|---|---|---|
|  | 中 |  | 29 | 29 | 29斤 |  |
|  | 下 | 28 | 29 | 57 | 57斤 |  |

（14）

| 混合比 | 上 | 18 |  | 18 | 18斤 | 混合量 |
|---|---|---|---|---|---|---|
|  | 中 |  | 23 | 23 | 23斤 |  |
|  | 下 | 36 | 23 | 59 | 59斤 |  |

（15）

| 混合比 | 上 | 22 |  | 22 | 22斤 | 混合量 |
|---|---|---|---|---|---|---|
|  | 中 |  | 17 | 17 | 17斤 |  |
|  | 下 | 44 | 17 | 61 | 61斤 |  |

（16）

| 混合比 | 上 | 26 |  | 26 | 26斤 | 混合量 |
|---|---|---|---|---|---|---|
|  | 中 |  | 11 | 11 | 11斤 |  |
|  | 下 | 52 | 11 | 63 | 63斤 |  |

对于这一个例题，真可谓寻根究底，探讨了一个够。接着，马先生就讲起了第四类。

第四，知道一部分的量，求混合量。

例六　每斤价 8 角、6 角、5 角的三种酒，混合成每斤价 7 角的酒。所用每斤价 8 角和 6 角的斤数的比为 3 比 1，应该用怎样的配合法？

这道题不难。先作 $OA$ 表示每斤 7 角。次作 $OB$ 表示每斤 8 角，$B$ 正在纵线 3 上。从 $B$ 作 $BC$ 表示每斤 6 角，$C$ 正在纵线 4 上——这样一来，两种斤数的比便是 3 比 1——从 $C$ 再作 $CD$ 表示每斤 5 角。$CD$ 和 $OA$ 交在纵线 5 上的 $D$。所以，三种比的关系，是：

$$OB_1 : B_1C_1 : C_1D_1 = 3 : 1 : 1$$

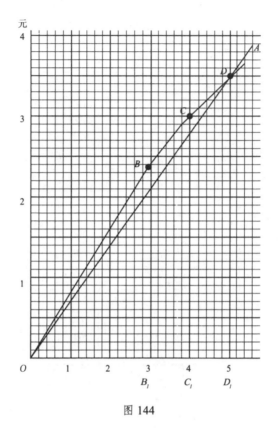

图 144

试用计算法和它对照：

| | 原价 | 损益 | 混合比 | | |
|---|---|---|---|---|---|
| 平均价 7 角（OA） | 8 角（OB） | −1 角 | 2 | 1 | 3（OB₁） |
| | 6 角（BC） | +1 角 | | 1 | 1（B₁C₁） |
| | 5 角（CD） | +2 角 | 1 | | 1（C₁D₁） |

例七　每斤价 5 角、4 角、3 角的酒，混合成每斤价 4 角 5 分的酒，每斤价 5 角的用 11 斤，4 角的用 5 斤，3 角的要用多少斤？

除了所表示的数目外，本题的作图法和前一题完全相同。由图上一望而知，$OB_1$ 是 11 斤，$B_1C_1$ 是 5 斤，$C_1D_1$ 是 2 斤。和计算法相比较，还是算起来麻烦些。

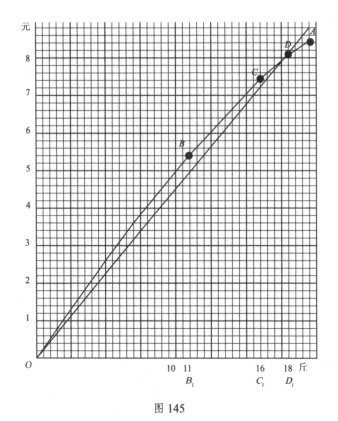

图 145

| 平均价 4.5 角 (OA) | 原价 | 损益 | 混合比 | | | | | | 混合量 | | |
|---|---|---|---|---|---|---|---|---|---|---|---|
| | 5 角（OB） | − 0.5 角 | 1.5 | 0.5 | 3 | 1 | 3 | 5 | 6 斤 | 5 斤 | 11 斤 |
| | 4 角（BC） | + 0.5 角 | | 0.5 | | 1 | | 5 | | 5 斤 | 5 斤 |
| | 3 角（CD） | + 1.5 角 | 0.5 | | 1 | | 1 | | 2 斤 | | 2 斤 |

由混合比得出混合量，这一步比较麻烦，远不如作图法来得直接痛快。先要依照题目上所给的数量来观察，4 角的酒是 5 斤，就用 5 去乘第二个比的两项。5 角的酒是 11 斤，但有 5 斤已确定了，11 减去 5 剩 6，它是第一个比的第一项的 2 倍，所以用 2 去乘第一个比的两项。这就得出混合量中的第一栏。结果，三种酒依次是 11 斤、5 斤、2 斤。

例八　将三种酒混合，其中两种酒的总价是 9 元，共有 15 升。第三种酒每升价 3 角，混成的酒，每升价 4 角 5 分，求第三种酒的升数。

"这是耍小聪明的题目，两种酒既有了总价 9 元和总量 15 升，这就相当于一种了。"马先生说。

明白了这一点，还有什么困难呢？

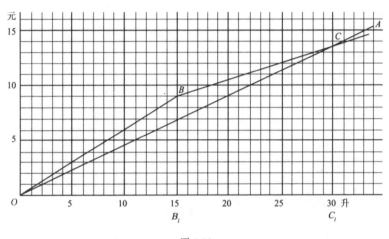

图 146

作 $OA$ 表示每升价 4 角 5 分的。$OB$ 表示 15 升价 9 元的。从 $B$ 作 $BC$，表示每升价 3 角的。它和 $OA$ 交于 $C$。图上，$OB_1$ 指 15 升，$OC_1$ 指 30 升。$OC_1$ 减去 $OB_1$ 剩 $B_1C_1$，指 15 升，这就是所求的答案。

照这作法来计算，结果便是：

| | 原价 | 损益 | 混合比 |
|---|---|---|---|
| 平均价 4.5 角（$OA$） | $\dfrac{90}{15}$ 角（$OB$） | −1.5 角 | 15（$OB_1$） |
| | 3 角（$BC$） | +1.5 角 | 15（$B_1C_1$） |

这题算完以后，马先生在讲台上对着我们静静地站了两分钟。然后，他问道：

"李大成，你近来对算学的兴趣怎样？"

"觉得很浓厚。"我不由自主地很恭敬地回答。

"这太好了。你现在应该相信，算学也是人人能领受的了。暑假快结束了，你们也应当把各种功课都整理一下。我们的谈话，就到此为止。我希望你们不要偏爱算学，也不要怕它。无论对于什么功课，都不要怕！你们不怕它，它就怕你们。对于做一个现代人不可缺少的常识，初中各科所教的，别人能学好，自己也就能学好。勇敢和决心，是克服一切困难的武器。求知识，要紧！精神的修养，更要紧！"

马先生讲课完毕。我们安静地端坐着，热切的目光投向讲台上的马先生，内心燃起对知识的热望。

## 图书在版编目（CIP）数据

做数学的朋友：给孩子的数学四书. 马先生谈算学 /
刘薰宇著. -- 北京：中国致公出版社，2023
（少年知道）
ISBN 978-7-5145-2034-7

Ⅰ.①做… Ⅱ.①刘… Ⅲ.①数学－青少年读物
Ⅳ.①O1-49

中国版本图书馆CIP数据核字(2022)第210350号

做数学的朋友：给孩子的数学四书. 马先生谈算学 / 刘薰宇　著
ZUO SHUXUE DE PENGYOU: GEI HAIZI DE SHUXUE SI SHU. MA XIANSHENG TAN SUANXUE

| | | |
|---|---|---|
| 出　　版 | 中国致公出版社 | |
| | （北京市朝阳区八里庄西里100号住邦2000大厦1号楼西区21层） | |
| 出　　品 | 湖北知音动漫有限公司 | |
| | （武汉市东湖路179号） | |
| 发　　行 | 中国致公出版社（010-66121708） | |
| 作品企划 | 知音动漫图书·文艺坊 | |
| 责任编辑 | 胡梦怡 | |
| 责任校对 | 邓新蓉 | |
| 装帧设计 | 秦天明 | |
| 责任印制 | 程　磊 | |
| 印　　刷 | 武汉精一佳印刷有限公司 | |
| 版　　次 | 2023年3月第1版 | |
| 印　　次 | 2023年3月第1次印刷 | |
| 开　　本 | 710 mm×1000 mm　1/16 | |
| 印　　张 | 16.75 | |
| 字　　数 | 230千字 | |
| 书　　号 | ISBN 978-7-5145-2034-7 | |
| 定　　价 | 40.00元 | |

# 少年知道

## 小学生彩绘版 / 题解版 / 思维导图版

## 初中生彩绘版 / 实验版 / 思维导图版